普通高等教育电子信息类系列教材

数字电子技术实验仿真与课程设计教程

郭业才　编著

西安电子科技大学出版社

内 容 简 介

本书是配合"数字电子技术"和"电子技术基础"课程的基本教学要求而编写的实验仿真与课程设计教材。全书共 5 章：第 1 章为数字电路实验基础知识；第 2 章为 Multisim 14 的基本界面与基本操作；第 3 章为数字电子技术实验及 Multisim 14 仿真；第 4 章为基于 FPGA 的数字电子技术实验；第 5 章为数字电子技术课程设计。这些内容既与理论教学内容有机衔接，又体现理论教学上未充分反映出来但在实际工程中需要解决的问题，适合不同层次的教学要求。

本书可作为高等学校电子信息类、电气类、自动化类、控制类、计算机类等专业的实验课程教材，也可作为相关工程技术人员的工作参考书。

图书在版编目(CIP)数据

数字电子技术实验仿真与课程设计教程/郭业才编著.
—西安：西安电子科技大学出版社，2020.8(2024.8重印)
普通高等教育电子信息类系列教材
ISBN 978 - 7 - 5606 - 5841 - 4

Ⅰ. ① 数…　Ⅱ. ① 郭…　Ⅲ. ① 数字电路－电子技术－实验－高等学校－教材　② 数字电路－电子技术－计算机仿真－高等学校－教材　③ 数字电路－电子技术－设计教程－高等学校－教材　Ⅳ. ① TN79

中国版本图书馆 CIP 数据核字(2020)第 153085 号

策　　划　马晓娟
责任编辑　王　斌　马晓娟
出版发行　西安电子科技大学出版社(西安市太白南路 2 号)
电　　话　(029)88202421　88201467　　邮　　编　710071
网　　址　www.xduph.com　　　　电子邮箱　xdupfxb001@163.com
经　　销　新华书店
印刷单位　陕西天意印务有限责任公司
版　　次　2020 年 8 月第 1 版　2024 年 8 月第 4 次印刷
开　　本　787 毫米×1092 毫米　1/16　印　张　16
字　　数　380 千字
定　　价　36.00 元
ISBN 978 - 7 - 5606 - 5841 - 4
XDUP 6143001 - 4
＊＊＊如有印装问题可调换＊＊＊

前　　言

本书是在培养德智体美劳全面发展的社会主义建设者和接班人这一总目标指导下，参照教育部高等学校教学指导委员会编写的《普通高等学校本科专业类教学质量国家标准》（高等教育出版社，2018），结合目前"数字电子技术"课程教学的基本要求而编写的。

本书既是"数字电子技术"课程的实验教材，又是课程设计教材，内容主要有数字电路实验基础知识、Multisim 14 的基本界面与基本操作、数字电子技术实验及 Multisim 14 仿真、基于 FPGA 的数字电子技术实验及数字电子技术课程设计。本书内容组织为先给出仿真实验，再给出仪器实验；先给出验证性实验后给出设计性实验，再给出综合性实验；先给出课程实验，再给出课程设计。

本书将实验教学内容贯穿于既训练学生基本技能又培养学生工程能力、综合能力和创新能力的整个过程中，具有以下特点：

（1）先进性与实用性结合。实验仿真所用软件为最新的 Multisim 14 软件，该软件功能强大，可使学生接触和学习到最先进的技术。由该软件设计和仿真成功的电路可以直接在产品中使用，增强了实用性。同时，将 FPGA 内容纳入数字电子技术实验教学中，体现了教材内容的先进性。

（2）完整性和独立性结合。实验内容完整，通过验证性实验训练学生的基本实践能力，通过设计性实验培养学生分析问题与解决问题的能力，通过综合性实验培养学生的工程实践能力，通过课程设计培养学生的创新思维能力。实验过程完整，每个实验都进行了 Multisim 14 软件仿真，从元器件调取到用元器件连接电路的过程是完整的；从仿真开始到每个仿真结果及现象分析的过程是完整的。仿真实验与仪器实验过程是各自完整又相互独立的，由每个项目的仿真测试结果，可以分析判断相同参数下同一个项目仪器实验结果的正确性。实验内容虽然是课程设计的基础，但实验教学与课程设计又可以独立开展。

（3）研究性与参考性结合。全部实验都是研究性的，并且每个实验都有多种不同方法，既可直接用于仿真实验，也可作为真实实验的操作参考，有很强的延伸性。

（4）课外预习与课内实验结合。所有实验的 Multisim 14 仿真，都可以在课外先进行，在学生将课外实验仿真报告提交给实验教师阅读审核后，再让学生进行课内实验，从而提高课内实验的效果。

（5）层次性和选择性结合。实验内容层次明显，先给出验证性实验，再给出设计性实验与综合性实验，最后进行课程设计。实验项目难度逐渐提升，实验内容逐渐拓展；实验方法层次明显，先给出仿真方法后给出仪器实验方法；实验内容丰富，实验项目较多，适应面宽，针对性强，便于教师根据教学大纲做出合理取舍，因需选择，因材施教。每个层次的实验项目都有可选择的空间，能满足不同层次的教学要求。

（6）示范性与自学性结合。基于 Multisim 14 和 FPGA 的数字电子技术实验过程完整、独立，具有较强的示范性，课程设计示例给出了课程设计各个环节的详细描述，学生通过完整的实验过程和课程设计示例，完全可以自学。

本书涉及很多概念，为避免混淆，这里特给出部分概念的含义：

（1）仿真电路与实验电路。仿真电路是指调用 Multisim 14 软件中所带的虚拟元器件按实验项目内容组建的电路；实验电路是指选取实验室备有的真实元器件按实验项目内容组建的真实实验电路。

（2）仿真实验与仪器实验。仿真实验是指组建仿真电路，用 Multisim 14 软件中的虚拟仪器仪表对电路性能进行测试、对参数进行测量的过程；仪器实验是指利用组建的实验电路，用真实仪器仪表对电路性能进行测试、对参数进行测量的过程。

（3）仿真测试与实验测试。仿真测试是指利用虚拟仪器仪表对仿真电路进行性能与参数的测量；实验测试是指利用真实仪器仪表对实验电路进行性能与参数的测量。

（4）仿真数据与实验数据。仿真数据是指由仿真测量得到的数据；实验数据是指由实验测量得到的数据。

在本书编写过程中，姚文强、许雪、刘程、尤俣良等研究生对每个实验项目的 Multisim 14 仿真过程进行了逐一测试。本书的出版得到了 2019 年江苏高校一流专业（电子信息工程，No.289）建设项目、2019 年无锡市信息技术（物联网）扶持资金（第三批）项目——高等院校物联网专业新设奖励项目（通信工程、No.D51）、南京信息工程大学滨江学院教学研究与改革项目（JGZDA 201902）、2020 年无锡信息产业（集成电路）扶持资金（高等院校集成电路专业新设奖励）项目的大力支持，西安电子科技大学出版社鼎力相助，在此一并表示衷心的感谢！

由于编者水平有限，书中难免会有一些不足之处，恳请读者提出宝贵意见。

编　者
2020 年 7 月

目 录

第1章　数字电路实验基础知识

【教学提示】本章介绍了数字电子技术实验的基础知识，包括实验的基本过程、操作规范和常见故障检查方法，TTL 与 CMOS 集成电路的特点及使用，数字逻辑电路的测试方法及实验注意事项。

【教学要求】通过本章学习要求学生懂得实验预习的重要性，熟练掌握实验操作规范和常见故障排除方法，了解 TTL 与 CMOS 集成电路的特点并会正确使用，掌握数字逻辑电路的测试方法及注意事项。本章是后续实验的坚实基础。

【教学方法】结合实际操作进行讲授。

1.1　实验的基本过程

本实验的基本过程应包括确定实验内容，选定最佳的实验方法和实验方案，拟出较好的实验步骤，合理选择仪器设备和元器件，安装电路并调试后，写出完整的实验报告。

在数字电路实验中，充分掌握和正确利用集成电路元件及其构成的数字电路独有的特点和规律，对于每一个实验项目，应做好实验预习、实验记录和实验报告等环节。

1.1.1　实验预习

本实验项目的预习内容包括原理、方法、注意事项及仿真实验等。认真预习这些内容是做好仪器实验的关键。预习的效果不仅关系到实验能否顺利进行，而且直接影响实验效果。预习应按实验预习要求进行，在每次实验前首先要认真复习有关实验的基本原理，掌握有关器件的使用方法，对如何着手实验做到心中有数。实验仿真是重要的预习环节，通过该环节预习对做好仪器实验非常重要。预习时需写出一份预习报告，内容包括：

（1）绘出设计好的实验电路图，该图应该是逻辑图和连线图的混合，既便于连接线，又可反映电路原理。在图上标出元器件的型号、使用的引脚号及元件数值，必要时还需用文字说明。

（2）拟定实验方法和步骤。

（3）拟好记录实验数据的表格和波形坐标。

（4）列出元器件清单。

（5）掌握使用仿真软件完成实验项目内容的方法，包括过程和测试结果分析。

1.1.2 实验记录与实验报告

1. 实验记录

实验记录包括软件仿真测试记录和仪器测试记录。有实验条件的学校，可以将实验仿真作为学生的预习内容，先进行预习，再进行仪器实验；实验条件不足的学校，可以直接将实验仿真作为课堂实验内容。无论是何种形式，实验记录都是实验过程中获得的第一手资料，如果直接将实验仿真作为课堂实验内容，则仿真测试过程中所测试的数据和波形必须和理论基本一致，否则需要对仿真实验、仪器实验测试过程中所测试的数据和波形与理论分析三者的一致性进行分析比较，培养学生善于发现问题、分析问题和解决问题的能力。所以，记录必须清楚、合理、正确；若不正确，则要现场及时重复测试，找出原因。

实验记录内容如下：

(1) 实验任务、名称及内容。

(2) 实验数据和波形以及实验中出现的现象，从记录中应能初步判断实验的正确性。

(3) 在记录波形时，应注意输入、输出波形的时间相位关系，在坐标中上下对齐。

(4) 实验中实际使用的仪器型号和编号以及元器件的使用情况。

2. 实验报告

实验报告是培养学生科学实验的总结能力和分析思维能力的有效手段，也是一项重要的基本功训练，它能很好地巩固实验成果，加深对基本理论的认识和理解，从而进一步扩大知识面。

实验报告是一份技术总结，要求文字简洁、内容清楚、图表工整。报告内容应包括实验目的、实验内容和实验结果、实验使用仪器和元器件以及分析讨论等。其中，实验内容和实验结果是报告的主要部分，应包括实际完成的全部实验，并且要按实验任务逐个书写，每个实验任务应有如下内容：

(1) 实验原理方框图、逻辑图(或测试电路)、状态图、真值表以及文字说明等，对于设计性实验，还应有整个设计过程和关键的设计技巧说明。

(2) 实验记录和经过整理的数据、表格、曲线和波形图。其中，表格、曲线和波形图应利用三角板、曲线板等工具描绘，力求准确，不得随手示意画出。

(3) 实验结果分析、讨论及结论。对讨论的范围没有严格要求，一般应对重要的实验现象、结论加以讨论，以便进一步加深理解。此外，对实验中的异常现象，可做一些简要说明；在实验中有何收获，可谈一些心得体会。

1.2 操作规范和常见故障检查方法

实验操作的正确与否对实验结果影响很大。因此，实验者需要按以下规程进行操作：

(1) 搭接实验电路前，应对仪器设备进行必要的检查校准，对所用集成电路进行功能测试。

(2) 搭接电路时，应遵循正确的布线原则和操作步骤(先接线后通电；先断电再拆线)。

(3) 掌握科学的调试方法，有效地分析并检查故障，确保电路工作稳定可靠。

（4）仔细观察实验现象，完整准确地记录实验数据，并与理论值进行比较分析。

（5）实验完毕，经实验教师同意后，可关断电源拆除连线，将元器件及仪器整理好放在实验箱内，并将实验台清理干净，物品摆放整齐。

1.2.1　布线原则

布线的原则是应便于检查、排除故障和更换元器件。

在实验中，错误布线引起的故障占很大比例。布线错误不仅会引起电路故障，严重时甚至会损坏器件，因此，布线要合理和科学。正确的布线原则大致有以下几点：

（1）接插集成电路(IC，Integrated Circuit)时，先校准两排引脚，使之与实验底板上的插孔对应，轻轻用力将电路插上，然后在确定引脚与插孔完全吻合后，再稍用力将其插紧，以免集成电路芯片引脚弯曲、折断或者接触不良。

（2）不允许将集成电路芯片方向插反，一般 IC 的方向是缺口（或标记）朝左，引脚序号从左下方的第一个引脚开始，按逆时针方向依次递增至左上方的第一个引脚。

（3）导线应粗细适当，一般选取直径为 0.6 mm～0.8 mm 的单股导线，最好采用各种色线以区别不同用途，如电源线用红色，地线用黑色。

（4）布线应有序进行，随意乱接容易造成漏接或错接。较好的方法是先接好固定电平点，如电源线、地线、门电路闲置输入端、触发器异步置位复位端等；其次，按信号源的顺序从输入到输出依次布线。

（5）连线应避免过长，避免从集成电路芯片上方跨接，避免过多地重叠交错，以利于布线、更换元器件以及故障检查和排除。

（6）当实验电路规模较大、使用元器件过多时，应注意元器件的合理布局，以便得到最佳布线。布线时，顺便对单个集成电路芯片进行功能测试。这是一种良好的习惯，实际上这样做不会增加布线工作量。

（7）应当指出，布线和调试工作是不能截然分开的，往往需要交替进行。对于元器件很多的大型实验，可将总电路按其功能划分为若干相对独立的部分，逐个布线、调试（分调），然后将各部分连接起来（联调）。

1.2.2　故障检查

实验中，如果电路不能完成预定的逻辑功能，就称电路有故障。产生故障的原因大致有：

（1）操作不当（如布线错误等）。

（2）设计不当（如电路出现险象等）。

（3）元器件使用不当或功能不正常。

（4）仪器（主要指数字电路实验箱）和集成电路芯片本身出现故障。

因此，上述 4 点应作为检查故障的主要线索。现介绍几种常见的故障检查方法。

1. 查线法

由于在实验中大部分故障都是由于布线错误引起的，因此，在故障发生时，复查电路连线是排除故障的有效方法。应着重注意有无漏线、错线，导线与插孔接触是否可靠，集成电路芯片引脚是否插牢、是否插反等。

2. 观察法

用万用表直接测量各集成电路芯片的 VCC 端是否加上了电源电压；输入信号、时钟脉冲等是否加到了实验电路上，观察输出端有无反应。重复测试并观察故障现象，然后对某一故障状态，用万用表测试各输入/输出端的直流电平，从而判断出是否是插座板、集成电路芯片引脚连接线等原因造成的故障。

3. 信号注入法

在电路的每一级输入端加上特定信号，观察该级的输出响应，从而确定该级是否有故障，必要时可以切断周围连线，避免相互影响。

4. 信号寻迹法

在电路的输入端加上特定信号，按照信号流向逐线检查是否有响应和是否正确。必要时，可多次输入不同信号。

5. 替换法

对于多输入端器件，若有多余端，则可调换另一输入端试用。必要时，可更换器件，以检查器件功能不正常所引起的故障。

6. 动态逐线跟踪检查法

对于时序电路，可输入时钟信号按信号流向依次检查各级波形，直到找出故障点为止。

7. 断开反馈线检查法

对于含有反馈线的闭合电路，应该设法断开反馈线进行检查，或进行状态预置后再进行检查。

需要强调指出的是，实验经验对于故障检查是大有帮助的，但只要充分预习，掌握基本理论和实验原理，就不难用逻辑思维的方法较好地判断和排除故障。

1.3 TTL 与 CMOS 集成电路的特点及使用

为了正确使用 TTL 与 CMOS 集成电路芯片，必须正确了解它们的参数意义和数值，并按规定使用。特别是必须严格遵守极限参数的限定，因为即使瞬间超出限定，也会使器件损坏。还应对使能端的功能和连接方法给予充分的注意。

1.3.1 TTL 与 CMOS 的区别

1. 结构不同

（1）TTL 集成电路。它是以双极结型晶体管为基础的集成电路，主要由双极结型晶体管和电阻构成，是电流控制器件。最早的 TTL 电路是 74 系列，后来出现了 74H、74L、74LS、74AS、74ALS 等系列。但是，由于 TTL 电路功耗大，正逐渐被 CMOS 电路取代。TTL 电路有 74（商用）和 54（军用）两个系列，每个系列又有若干个子系列。

（2）CMOS 集成电路。它是以金属氧化物半导体（MOS，Metal Oxide Semiconductor）晶体管为基础，由 P 型 MOS（PMOS）管和 N 型 MOS（NMOS）管共同构成的互补型 MOS

集成电路(CMOS IC，Complementary MOS Integrated Circuit)，是电压控制器件。

2. 电平不同

(1) TTL 电平。输出高电平大于 2.4 V，输出低电平小于 0.4 V。在室温下，一般输出高电平为 3.5 V，输出低电平为 0.2 V；输入高电平不小于 2.0 V，输入低电平不大于 0.8 V，噪声容限是 0.4 V。

(2) CMOS 电平。输出低电平小于 $0.1U_{CC}$，高电平大于 $0.9U_{CC}$；输入低电平小于 $0.3U_{CC}$，高电平大于 $0.7U_{CC}$。CMOS 电路的电源电压一般是 12 V，输出高电平约为 $0.9U_{CC}$，而输出低电平约为 $0.1U_{CC}$。CMOS 电路不使用的输入端不能悬空，否则会造成逻辑混乱。

另外，CMOS 集成电路的电源电压可以在较大范围内变化，逻辑电平"1"的电压接近于电源电压，逻辑电平"0"的电压接近于 0 V，而且具有很宽的噪声容限。

(3) TTL 和 CMOS 的分类。TTL 和 CMOS 的逻辑电平按典型电压划分，可分为四类：5 V 系列(5 V TTL 和 5 V CMOS)、3.3 V 系列、2.5 V 系列和 1.8 V 系列。其分别说明如下：

① 5 V TTL 和 5 V CMOS 逻辑电平是通用的逻辑电平。

② 3.3 V 及以下的逻辑电平被称为低电压逻辑电平，常用的为低电压 TTL 电平。

(4) 电平转换。74LS 和 54 系列是 TTL 电路，74HC 是 CMOS 电路。如果它们的序号相同，则逻辑功能一样，但电气性能和动态性能略有不同。

例如，TTL 的逻辑高电平大于 2.7 V，CMOS 的逻辑高电平大于 3.6 V。如果 CMOS 电路的前一级为 TTL，则隐藏着不可靠隐患，反之则没问题。

由于 TTL 和 CMOS 的高低电平值不一样，所以互相连接时需要电平的转换：用两个电阻对电平分压。一般的系统里都含有 CMOS 集成电路和 TTL 集成电路，设计时应该以 TTL 电平为基准。若系统里有 5 V 的 CMOS 集成电路，则可以直接与 TTL 集成电路相连。如果 TTL 集成电路电平较低，则需要加上拉电阻或者用 OC 门驱动 CMOS 集成电路，如图 1.3.1 所示。

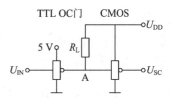

图 1.3.1　电平转换电路

当 U_{SC} 为 TTL 低电平时，OC 门呈关门状态，流过 R_L 的电流等于 CMOS 电路的输入电流，这个电流一般都很小，只要选取适当的 R_L 值，就能保证 U_A 电平值高于 CMOS 电路的高电平；当 U_{SC} 为 TTL 高电平时，OC 门呈开门状态，流过 R_L 的电流都流入 OC 门的输出管，同样适当选取 R_L 值，让 OC 门的输出管总处于饱和状态，则 U_A 电平值就始终低于 0.3 V，这个电平完全可以作为 CMOS 电路的低电平，从而实现了 TTL-CMOS 逻辑电平的转换。R_L 的取值范围为

$$\frac{0.9U_{DD}}{I_0} < R_L < \frac{0.1U_{DD}}{N \cdot I_{IN}}$$

式中，I_0 为 TTL OC 门的灌电流负载能力，I_{IN} 为 CMOS 电路输入电流，N 为电平转换电路驱动的 CMOS 电路个数，U_{DD} 为 CMOS 电源电压。

3. CMOS 电路的锁定效应

CMOS 电路如果输入太大的电流，内部的电流会急剧增大，除非切断电源，否则电流一直在增大，这就是锁定效应。当产生锁定效应时，CMOS 的内部电流能达到 40 mA 以上，很容易烧毁芯片。其防范措施如下：

（1）在输入端和输出端加钳位电路，使输入和输出不超过规定电压。

（2）在芯片的电源输入端加去耦电路，防止 U_{DD} 端出现瞬间的高压。

（3）在 U_{DD} 和外电源之间加限流电阻，即使有大的电流也不能让它进去。

（4）当系统由几个电源分别供电时，开关顺序为：开启时，先开启 CMOS 电路电源，再开启输入信号和负载电源；关闭时，先关闭输入信号和负载电源，再关闭 CMOS 电路电源。

4. TTL 电路的输入端负载特性（输入端带电阻特殊情况的处理）

（1）悬空时相当于输入端接高电平。因为这时可以看成是输入端接一个无穷大的电阻。

（2）在 TTL 电路的输入端串联 10 kΩ 电阻后，再输入低电平，输入端呈现的是高电平，而不是低电平。因为由 TTL 电路的输入端负载特性可知，只有在输入端接的串联电阻小于910 Ω 时，它输入的低电平信号才能被 TTL 电路识别出来；如果串联电阻再增大，则输入端就一直呈现高电平，这是务必要注意的。而对于 CMOS 电路就不用考虑这些。

5. TTL 和 CMOS 电路的输出处理

TTL 电路有集电极开路 OC 门，MOS 管也有和集电极对应的漏极开路的 OD 门，它的输出就叫做开漏输出。OC 门在截止时有漏电流输出，即漏电流。为什么有漏电流呢？这是因为当三极管截止时，它的基极电流约等于 0，但并不是真正为 0；经过三极管集电极的电流也就不是真正为 0，而是约为 0，这个约为零的电流就是漏电流。

OC 门的输出是开漏输出，OD 门的输出也是开漏输出。开漏输出可以吸收很大的电流，但是不能向外输出电流。所以，为了能输入和输出电流，它需要与电源和上拉电阻一起用。OD 门一般作为输出缓冲/驱动器、电平转换器，以满足吸收大负载电流的需要。

1.3.2 TTL 与 CMOS 的特点

1. TLL 集成电路的性能特点

（1）TTL 电平信号。采用二进制，规定 5 V 等价于逻辑"1"，0 V 等价于逻辑"0"，这被称作 TTL（晶体管-晶体管逻辑电平）信号系统，这是计算机处理器控制的设备内部各部分之间通信的标准技术。

（2）TTL 通信方式。在大多数情况下，采用并行数据传输方式，而并行数据传输对于超过 10 ft（1 ft＝2.54 cm）的距离就不适合了，这是由于可靠性和成本两方面的原因。因为在并行接口中存在着偏相和不对称的问题，这些问题对可靠性均有影响。

（3）TTL 电路的速度快、传输延迟时间短（5 ns～10 ns），但功耗大。

2. CMOS 集成电路的性能特点

（1）功耗低。CMOS 集成电路的静态工作电流在 10^{-9} A 数量级，是目前所有数字集成电路中最低的，而 TTL 器件的功耗大得多。

（2）高输入阻抗。通常 CMOS 集成电路的输入阻抗大于 10^{10} Ω，远高于 TTL 器件的输入阻抗。

(3) 接近理想传输特性。输出高电平可达电源电压的 99.9% 以上，低电平可达电源电压的 0.1% 以下，因此输出逻辑电平的摆幅大，噪声容限很高。

(4) 电源电压范围广，在 3 V～18 V 能正常运行。

(5) 高频时需考虑扇出系数。由于有很高的输入阻抗，要求驱动电流很小，约为 0.1 μA，输出电流在 5 V 电源下约为 500 μA，远小于 TTL 电路，若以此电流来驱动同类门电路，其扇出系数将非常大。在低频时，不需要考虑扇出系数；但在高频时，后级门电路的输入电容将成为主要负载，使其扇出能力下降，所以在较高频率工作时，CMOS 电路的扇出系数一般取 10～20。

(6) 高噪声容限。CMOS 电路的噪声容限一般在电源电压的 40% 以上。

(7) 高逻辑摆幅。CMOS 电路输出高、低电平的幅度达到全电，为 U_{DD}，逻辑 "0" 为 U_{SS}。

(8) 低输入电容。CMOS 电路的输入电容一般不大于 5 pF。

(9) 宽工作温度范围。陶瓷封装的 CMOS 电路工作温度范围为 -55℃～125℃；塑封的 CMOS 电路工作温度范围为 -40℃～85℃。

1.3.3　使用注意事项

1. TTL 电路的使用注意事项

(1) 电源电压应严格保持在 5 V($\pm$10%)的范围内，过高易损坏器件，过低则不能正常工作。实验中一般采用稳定性好、内阻小的直流稳压电源。使用时，应特别注意电源与地线不能错接，否则会因过大电流而造成器件损坏。

(2) 闲置输入端处理方法如下：

① 悬空，相当于正逻辑 "1"，对于一般小规模集成电路的数据输入端，实验时允许悬空处理，但这样做易受外界干扰，导致电路的逻辑功能不正常。因此，对于接有长线的输入端、中规模以上的集成电路和使用集成电路较多的复杂电路，所有控制输入端必须按逻辑要求接入电路，不允许悬空。

② 直接接到电源电压 U_{CC}(也可以串入一只 1 kΩ～10 kΩ 的固定电阻)或接至某一固定电压(2.4 V<U< 4.5 V)的电源上，或与输入端为接地的多余与非门的输出端相接。

③ 若前级驱动能力允许，则可以与使用的输入端并联。

(3) 输入端通过电阻接地，电阻值的大小将直接影响电路所处的状态。当 $R \leqslant 680$ Ω 时，输入端相当于逻辑 "0"；当 $R \geqslant 4.7$ kΩ 时，输入端相当于逻辑 "1"。特别需要说明的是：对于不同系列的元器件，要求的电阻阻值有所不同。

(4) 输出端不允许直接接电源或接地(但可以通过电阻与电源相连)；不允许直接并联使用(集电极开路门和三态门除外)。

(5) 应考虑电路的负载能力(即扇出系数)。要留有余地，以免影响电路的正常工作。扇出系数可通过查阅器件手册或计算获得。

(6) 在高频工作时，应通过缩短引线、屏蔽干扰源等措施，抑制电流的尖峰干扰。

2. CMOS 电路的注意事项

(1) 输入端处理。不用的输入端必须连到高电平或低电平，这是因为 CMOS 是高输入阻抗器件,理想状态是没有输入电流的,如果不用的输入引脚悬空,很容易感应到干扰信号,影响芯片的逻辑运行,甚至静电积累永久性地击穿这个输入端,造成芯片失效。对于工作速度要求不高,但要求增加带负载能力的情况,可以将输入端并联使用。对于安装在线路板上的 CMOS 器件,在电路板输入端应接上限流电阻和保护电阻。当输入端接大电容时,应该在输入端和电容间接保护电阻,电阻值 $R=U_0/1\ M\Omega$,U_0 是外加电容上的电压。

(2) 电源连接和选择。U_{DD} 端接电源正极,U_{SS} 端接电源负极(地)。绝对不许接错,否则器件会因电流过大而损坏。对于电源电压范围为 3 V~18 V 的系列器件,如 CC4000 系列,实验中 U_{DD} 端通常接 5 V 电源,U_{DD} 端的电压选在电源变化范围的中间值,例如,电源电压在 8 V~12 V 之间变化,则选择 $U_{DD}=10$ V 较恰当。CMOS 器件在不同的 U_{DD} 下工作时,其输出阻抗、工作速度和功耗等参数都有所变化,设计中须考虑。

(3) 输出端处理。输出端不允许直接接 U_{DD} 或 U_{SS} 端,否则将导致器件损坏。除三态(TS)器件外,不允许两个不同芯片输出端并联使用,但有时为了增加驱动能力,同一芯片上的输出端可以并联。

(4) 对输入信号 U_i 的要求。U_i 的高电平 $U_{iH}<U_{DD}$,U_{iL} 的低电平小于电路系统允许的低电压;当器件 U_{DD} 端未接通电源时,不允许有输入信号输入,否则将使输入端保护电路中的二极管损坏。

(5) 焊接、测试和储存时的注意事项如下:

① 电路应存放在导电的容器内,有良好的静电屏蔽功能。

② 焊接时必须切断电源,电烙铁外壳必须良好接地,或拔下烙铁,利用余热焊接。

③ 所有的测试仪器必须良好接地。

④ 若信号源与 CMOS 器件使用两组电源供电,应先开 CMOS 电源,关机时,先关信号源,最后才关 CMOS 电源。

1.3.4 TTL 与非门与 CMOS 器件的主要参数

1. 低电平输出电源电流 I_{CCL} 和高电平输出电源电流 I_{CCH}

与非门处于不同的工作状态,电源提供的电流是不同的。I_{CCL} 是指所有输入端悬空,输出端空载时,电源提供给器件的电流。通常 $I_{CCL}>I_{CCH}$,它们的大小标志着器件静态功耗的大小。器件最大功耗 $P_{CCL}=U_{CC}I_{CCL}$。器件手册中提供的电源电流和功耗值是指整个器件总的电源电流和总的功耗。I_{CCL} 和 I_{CCH} 测试电路分别如图 1.3.2(a)、(b)所示。

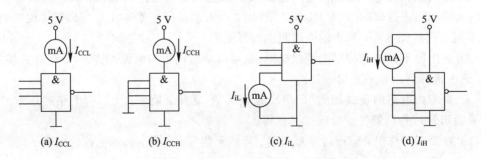

(a) I_{CCL} (b) I_{CCH} (c) I_{iL} (d) I_{iH}

图 1.3.2　I_{CCL}、I_{CCH}、I_{iL} 与 I_{iH} 的测试电路

需要注意的是，TTL 电路对电源电压要求较严，电源电压 U_{CC} 只允许在 5 V（$\pm 10\%$）范围内工作，超过 5.5 V 将损坏器件，低于 4.5 V 器件的逻辑功能将不正常。

2. 低电平输入电流 I_{iL} 与高电平输入电流 I_{iH}

I_{iL} 是指被测输入端接地，其余输入端悬空时，由被测输入端流出的电流值。在多级门电路中，I_{iL} 相当于前级门输出低电平时后级门向前级门灌入的电流，因此，它关系到前级门的灌电流负载能力，即直接影响前级门带负载的个数，因此希望 I_{iL} 小些。

I_{iH} 是指被测输入端接高电平，其余输入端接地时流入被测输入端的电流值。在多级门电路中，它相当于前级门输出高电平时前级门的拉负载电流，其大小关系到前级门的拉电流负载能力，因此希望 I_{iH} 小些。由于 I_{iH} 较小，难以测量，一般免于测试。

I_{iL} 与 I_{iH} 的测试电路分别如图 1.3.2(c)、(d)所示。

3. 扇出系数 N_o

N_o 是指门电路能驱动同类门的个数，是衡量门电路负载能力的一个参数。TTL 与非门有两种不同性质的负载，即灌电流负载和拉电流负载，因此有两种扇出系数，即低电平扇出系数 N_{oL} 和高电平扇出系数 N_{oH}。通常 $I_{iH} < I_{iL}$，所以 $N_{oH} > N_{oL}$，故常以 N_{oL} 作为 TTL 与非门的扇出系数。

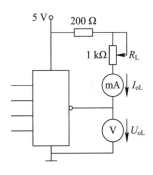

图 1.3.3　N_{oL} 的测试电路

N_{oL} 的测试电路如图 1.3.3 所示。门的输入端全部悬空，输出端接灌电流负载 R_L，调节 R_L 使 I_{oL} 增大，U_{oL} 随之增高。当 U_{oL} 达到 U_{oLm}（即 U_{oL} 增至器件手册中规定的低电平规范值 0.4 V）时，I_{oL} 就是允许灌入的最大负载电流，这时

$$N_{oL} = \frac{I_{oL}}{I_{iL}} \quad (\text{通常 } N_{oL} \geqslant 8)$$

4. 电压传输特性

门的输出电压 U_o 随输入电压 U_i 而变化的曲线 $U_o = f(U_i)$ 称为门的电压传输特性。通过它可读取门电路的一些重要参数，如输出高电平 U_{oH}、输出低电平 U_{oL}、关门电平 U_{OFF}、开门电平 U_{ON}、阈值电平 U_T 及抗干扰容限 U_{NL}、U_{NH} 等，测试电路如图 1.3.4 所示。采用逐点测试法，即调节 R_W，逐点测得 U_i 及 U_o，然后绘制出曲线。

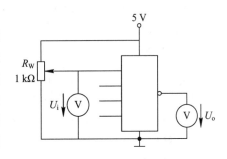

图 1.3.4　电压传输特性

5. 平均传输延迟时间 t_{pd}

t_{pd} 是衡量门电路开关速度的参数，它是指输出波形边沿的 $0.5U_m$ 至输入波形对应边沿 $0.5U_m$ 之间的时间间隔，如图 1.3.5(a)所示。

在图 1.3.5 中，t_{pdL} 为导通延迟时间，t_{pdH} 为截止延迟时间，平均传输延迟时间为

$$t_{pd} = \frac{1}{2}(t_{pdL} + t_{pdH})$$

t_{pd} 的测试电路如图 1.3.5(b)所示。由于 TTL 电路的延迟时间较小，直接测量时对信号发生器和示波器的性能要求较高，故实验采用测量由奇数个与非门组成的环形振荡器的

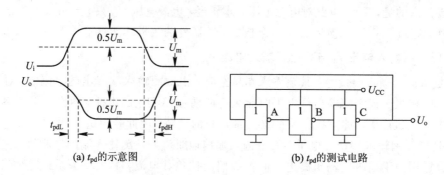

(a) t_{pd}的示意图　　　　　　　　(b) t_{pd}的测试电路

图 1.3.5　平均传输延迟时间测试电路

振荡周期 T 来求得。其工作原理是：假设电路在接通电源后某一瞬间，电路中的 A 点为逻辑"1"，经过 3 级门的延迟后，使 A 点由原来的逻辑"1"变为逻辑"0"；再经过 3 级门的延迟后，A 点电平又重新回到逻辑"1"。电路的其他各点电平也跟随变化。这说明使 A 点发生一个周期的振荡，必须经过 6 级门的延迟时间。因此平均传输延迟时间为

$$t_{pd} = \frac{T}{6}$$

6. CMOS 与非门的主要参数

CMOS 与非门的主要参数的定义及测试方法与 TTL 电路相似，此处从略。

1.4　数字逻辑电路的测试方法

1.4.1　组合逻辑电路的测试

组合逻辑电路测试的目的是验证其逻辑功能是否符合设计要求，也就是验证其输出与输入的关系是否与真值表相符。

1. 静态测试

静态测试是指在电路静止状态下测试输出与输入的关系。将输入端分别接到逻辑开关上。用发光二极管分别显示各输入端和输出端的状态。按真值表将输入信号一组一组地依次送入被测电路中，测出相应的输出状态，与真值表相比较，借以判断此组合逻辑电路静态工作是否正常。

2. 动态测试

动态测试是指测量组合逻辑电路的频率响应。在输入端加上周期性信号，用示波器观察输入、输出波形。测出与真值表相符的最高输入脉冲频率。

1.4.2　时序逻辑电路的测试

时序逻辑电路测试的目的是验证其状态的转换是否与状态图相符合。可用发光二极管、数码管或示波器等观察输出状态的变化。常用的测试方法有两种：一种是单拍工作方式，即以单脉冲源作为时钟脉冲，逐拍进行观测；另一种是连续工作方式，即以连续脉冲源作为时钟脉冲，用示波器观察波形，来判断输出状态的转换是否与状态图相符。

1.5　实验注意事项

（1）每次实验前必须认真预习实验指导书，准备预习报告，了解实验内容、所需实验仪器设备及实验数据的测试方法，并画好必要的记录表格，以备实验时进行原始记录。实验中教师将检查学生的预习情况，未预习者不得进行实验。

（2）学生在实验中不得随意交换或搬动其他实验桌上的器材、仪器、设备。

（3）实验仪器的使用必须严格按实验指导书中说明的方法操作，特别是直流电源和函数发生器的输出端不可短路或过载。若因操作不认真或玩弄仪器设备造成仪器设备损坏，必须酌情做出赔偿。

（4）实验中如出现故障，应尽量自己检查诊断，找出故障原因然后排除。若由于设备原因无法自行排除的，则应向指导教师或实验室管理人员汇报。

（5）实验中必须如实记录实验数据，积极思考，注意实验数据是否符合理论分析，随时纠正接线或操作错误。

（6）实验结束后必须先将实验数据记录提交指导教师查阅，经认可签字后才能拆线。拆线前必须确认电源已切断。离开实验室前，必须将实验桌整理规范。

（7）实验报告在课后完成，并在下次实验时上交。报告内容包括：

① 预习报告内容。

② 实验中观测和记录的数据和现象，根据数据所计算的实验结果。

③ 实验内容要求的理论分析或图表、曲线。

④ 讨论实验结果，并得出心得体会、意见和建议。

第2章 Multisim 14 的基本界面与基本操作

【教学提示】本章主要介绍 Multisim 14 软件的基本界面、菜单栏和工具栏等基本内容，以及元器件库和仪器仪表栏的基本操作方法。

【教学要求】熟悉 Multisim 14 软件的基本界面、菜单栏和工具栏结构和功能，掌握元器件库和仪器仪表栏的基本操作方法，会用 Multisim 14 软件独立进行实验仿真。

【教学方法】教师指导与学生自学相结合，以学生实操为主。

Multisim 是美国国家仪器公司(NI, National Instruments)推出的一款优秀的电子仿真软件。它是以 Windows 为基础的仿真工具，适用于板级的模拟/数字电路板的设计工作，易学、易用。它包含了电路原理图的图形输入、电路硬件描述语言输入方式，具有丰富的仿真分析能力。其主要功能如下：

(1) Multisim 是一个可以进行原理电路设计、电路功能测试的虚拟仿真软件。

(2) Multisim 的元器件库提供数千种电路元器件。元器件库包含电阻、电容等多种元器件，并且库中虚拟元器件的参数可以任意设置，非虚拟元器件的参数是固定的。

(3) Multisim 的虚拟测试仪器仪表种类齐全，有通用仪器，如万用表、函数信号发生器、双踪示波器和直流电源；还有专用仪器，如波特图仪、逻辑分析仪、逻辑转换器、失真仪、频谱分析仪和网络分析仪等。

(4) Multisim 有较为详细的电路分析功能，可以完成电路的瞬态和稳态、时域和频域、器件的线性和非线性、电路的噪声和失真、离散傅里叶、电路零极点、交直流灵敏度等电路的分析仿真，以帮助设计人员分析电路的性能。

(5) Multisim 可以设计、测试和演示各种电子电路，包括电工学、模拟电路、数字电路、射频电路及微控制器和接口电路等，也可以为被仿真电路中的元器件设置各种故障，如开路、短路和不同程度的漏电等，从而观察不同故障情况下电路的工作状况。在仿真时，还可以存储测试点的所有数据，列出被仿真电路的所有元器件清单，以及存储测试仪器的工作状态、显示波形和具体数据等。

Multisim 软件具有的特点有：设计与实验可以同步进行，可以边设计边实验，修改调试方便；设计和实验用的元器件及测试仪器仪表齐全，可以完成各种类型的电路设计与实验；可方便地对电路参数进行测试和分析；可直接打印输出实验数据、测试参数、曲线和电路原理图；实验中不消耗实际的元器件，实验所需元器件的种类和数量不受限制，实验成本低，速度快、效率高；设计和实验成功的电路可以直接在产品中使用。

本章以 Multisim 14 版本为例，介绍其界面。

2.1　Multisim 14 的基本界面

2.1.1　Multisim 14 的主界面

安装完成，打开 Multisim 14 软件，其运行界面如图 2.1.1 所示。

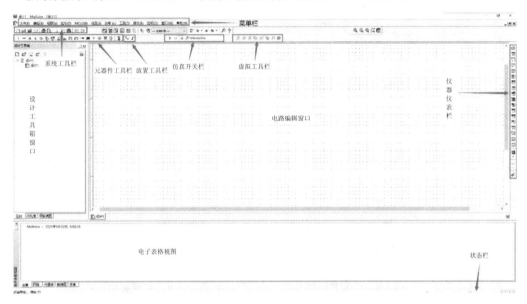

图 2.1.1　Multisim 14 软件的运行界面

Multisim 14 的主界面主要由菜单栏、状态栏、系统工具栏、放置工具栏、元器件工具栏、仿真开关栏、虚拟工具栏、仪器仪表栏、电子表格视图(电子平台)、设计工具箱窗口及电路编辑窗口等。

2.1.2　Multisim 14 的菜单栏

Multisim 14 菜单栏有 12 个菜单，如图 2.1.2 所示。这些菜单中提供了本软件几乎所有的命令及功能。

| 文件(F) | 编辑(E) | 视图(V) | 绘制(P) | MCU(M) | 仿真(S) | 转移 (n) | 工具(T) | 报告(R) | 选项(O) | 窗口(W) | 帮助(H) |

图 2.1.2　菜单栏

(1) 文件菜单。文件菜单提供文件操作命令，如打开、保存和打印等。文件菜单中的命令及功能如图 2.1.3 所示。

(2) 编辑菜单。编辑菜单在电路绘制过程中提供对电路和元器件进行剪切、粘贴、旋转等的操作命令。编辑菜单中的命令及功能如图 2.1.4 所示。

(3) 视图菜单。视图菜单提供用于控制仿真界面上显示的操作命令。视图菜单中的命令及功能如图 2.1.5 所示。

(4) 绘制菜单。绘制菜单提供在电路工作窗口内放置元器件、连接点、总线和文字等的命令。绘制菜单中的命令及功能如图 2.1.6 所示。

图 2.1.3　文件菜单

图 2.1.4　编辑菜单

图 2.1.5　视图菜单

图 2.1.6　绘制菜单

（5）MCU（微控制器）菜单。MCU 菜单提供在电路编辑窗口内 MCU 的调试操作命令。MCU 菜单中的命令及功能如图 2.1.7 所示。

（6）仿真菜单。仿真菜单提供电路仿真设置与操作命令。仿真菜单中的命令及功能如图 2.1.8 所示。

图 2.1.7　MCU 菜单　　　　　　图 2.1.8　仿真菜单

（7）转移菜单。转移菜单提供传输命令。转换菜单中的命令及功能如图 2.1.9 所示。

（8）工具菜单。工具菜单提供元器件和电路编辑或管理命令。工具菜单中的命令及功能如图 2.1.10 所示。

图 2.1.9　转移菜单　　　　　　图 2.1.10　工具菜单

（9）报告菜单。报告菜单提供材料清单报告命令。报告菜单中的命令及功能如图 2.1.11 所示。

（10）选项菜单。选项菜单可以对电路的某些功能进行设定。选项菜单中的命令及功能如图 2.1.12 所示。

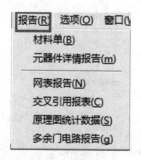

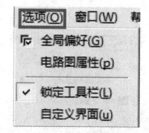

图 2.1.11　报告菜单　　　　　　图 2.1.12　选项菜单

（11）窗口菜单。窗口菜单提供窗口操作命令。窗口菜单的命令及功能如图 2.1.13 所示。

（12）帮助菜单。帮助菜单为用户提供在线技术帮助和使用指导。帮助菜单中的命令及功能如图 2.1.14 所示。

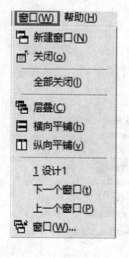

图 2.1.13　窗口菜单　　　　　　图 2.1.14　工具菜单

2.1.3　Multisim 14 文件菜单和仿真菜单

Multisim 14 常用的工具栏中文件菜单和仿真菜单常用到的功能分别如图 2.1.15 和图 2.1.16 所示。打开文件，单击"设计"按钮，即可进行电路的搭建；单击"打开"按钮，可以打开以前保存过的电路图；单击"保存""另存为""全部保存"按钮可以将搭建好的电路图进行保存。其中，"保存"按钮可将电路图保存到默认位置；"另存为"按钮可将电路图保存到指定位置；"全部保存"按钮可将搭建好的多个电路图一起保存到指定位置；"最近设计"和"最近项目"显示最近设计的电路图和最近建立的项目；单击"退出"按钮，将关闭软件。

实验电路搭建完毕，通过单击"运行"按钮进行仿真；需要记录数据时，单击"暂停"按钮后观察和记录数据；在全部的实验都完成后，单击"停止"按钮将实验停止。

图 2.1.15 文件菜单常用到的功能

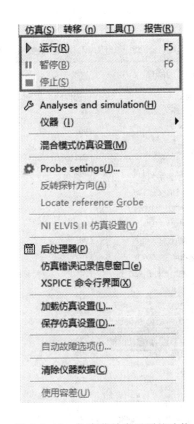

图 2.1.16　仿真菜单常用到的功能

2.2　Multisim 14 元器件的基本操作

2.2.1　元器件工具栏

Multisim 14 提供了丰富的元器件库。元器件工具栏如图 2.2.1 所示。其图标名称依次为：电源/信号源库、基本元器件库、二极管库、晶体管库、模拟集成电路库、TTL 数字集成电路库、CMOS 数字集成电路库、其他数字集成电路库、混合集成电路库、指示元器件库、功率元器件库、其他元器件库、高级外设库、RF 元器件库、机电元器件库、NI 元器件库、芯片库、微控制器库。

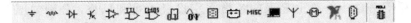

图 2.2.1　元器件工具栏

单击元器件工具栏中的按钮就可以从元器件库中选取需要的元件。以"基本元器件库"为例,单击其图标,在"系列"中选择所用的元器件,在"元器件"中选择所用元器件的型号,选好之后单击"确认"按钮,如图 2.2.2 所示。实验电路中所用的元器件均可通过这种方式进行查找和添加。

图 2.2.2　添加 1 kΩ 电阻

2.2.2　对元器件的基本操作

1. 设置元器件标识、标称值、名称等的字体

选择菜单"选项"→"电路图属性"→"字体"命令(或者在电路窗口内单击鼠标右键选择"字体"选项),可以为电路中显示的各类文字设置大小和风格,分别如图 2.2.3 和图 2.2.4 所示。

图 2.2.3　"电路图属性"对话框　　　　　　图 2.2.4　选择字体

2. 元器件的搜索、报告与查看

1)"搜索"按钮

在选择元器件界面有一个"搜索"按钮(如图 2.2.5 所示),其功能是搜索元器件。单击该按钮,系统弹出"元器件搜索"对话框,如图 2.2.6 所示。在文本框中输入元器件的相关信息即可查找到需要的元器件。

图 2.2.5　元器件"搜索"按钮

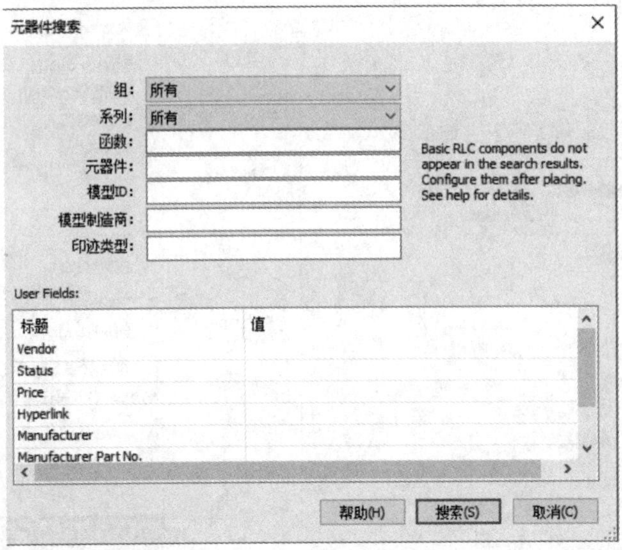

图 2.2.6 "元器件搜索"对话框

2) "详情报告"按钮

在选择元器件界面有一个"详情报告"按钮(如图 2.2.7 所示),其功能是列出此元器件的详细列表。单击该按钮出现如图 2.2.8 所示的"报告窗口"对话框。

图 2.2.7 "详情报告"按钮

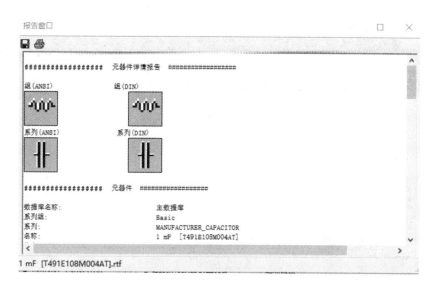

图 2.2.8　"报告窗口"对话框

3)"查看模型"按钮

在选择元器件界面有一个"查看模型"按钮(如图 2.2.9 所示),其功能是列出此元器件的性能指标。单击该按钮出现如图 2.2.10 所示的"模型数据报告"窗口。

图 2.2.9　"查看模型"按钮

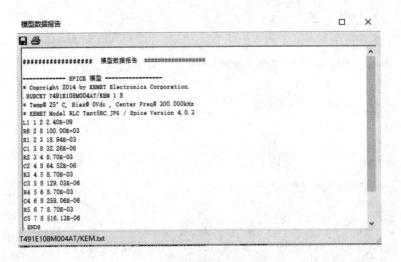

图 2.2.10 "模型数据报告"窗口

3. 元器件的旋转与反转

先选中元器件，然后单击鼠标右键或者选择菜单栏中的"编辑"菜单，选择菜单中的方向，再根据需要将所选择的元器件顺时针或逆时针旋转 90°，或进行水平翻转、垂直翻转等操作，如图 2.2.11 所示。

图 2.2.11 命令选择框

4. 修改元器件的颜色

元器件的颜色和电路窗口的背景颜色可以通过选择菜单"选项"→"电路图属性"→"颜色"命令（如图 2.2.12 所示）进行设置，还可以在该元器件上单击鼠标右键，在弹出的菜单中选择"颜色"命令进行设置。在"颜色"选择框的调色板中选择一种颜色，再单击"确认"按钮，元器件变成所选颜色，如图 2.2.13 所示。

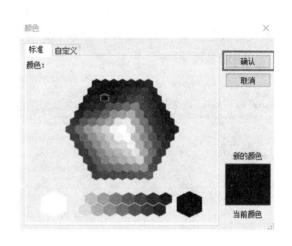

图 2.2.12 "颜色"命令   图 2.2.13 "颜色"选择框

5. 从电路中查找元器件

在电路窗口中快速查找元器件，可以选择菜单"编辑"→"查找"命令（如图 2.2.14 所示），系统弹出"查找"对话框，如图 2.2.15 所示。

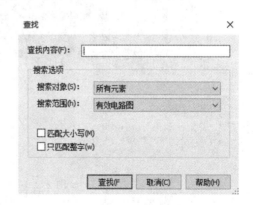

图 2.2.14 "查找"命令   图 2.2.15 "查找"选择框

在"查找"对话框内输入要查找的元器件名称，单击"查找"按钮，查找结果将显示在电路窗口下方出现的电子表格视图中，如图 2.2.16 所示。在查找结果中双击查找结果，或单击鼠标右键选择"前往"选项，查找到的元器件将在电路图中突出显示出来，而电路图其他部分则变为灰色显示，如图 2.2.17 所示。若需要电路图恢复正常显示状态，则在电路图中任意地方单击鼠标即可。

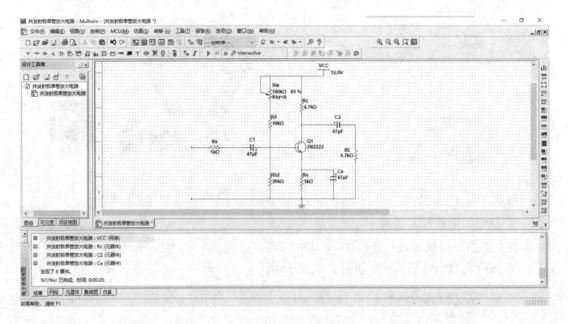

图 2.2.16　查找元器件

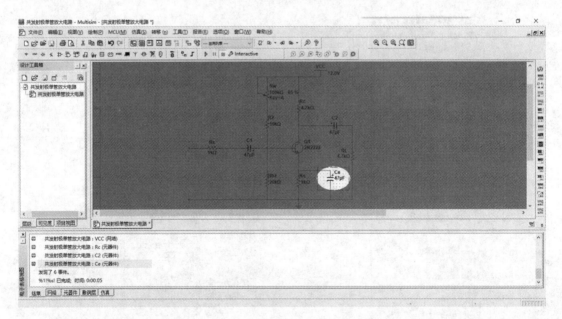

图 2.2.17　查找结果

选择电子表格视图的"元器件"选项卡，当前电路中的元器件信息以表格的形式提供给用户，如图 2.2.18 所示。按下 Shift 键可以选择多个元器件，此时所有被选中的元器件在电路窗口中将被选中。

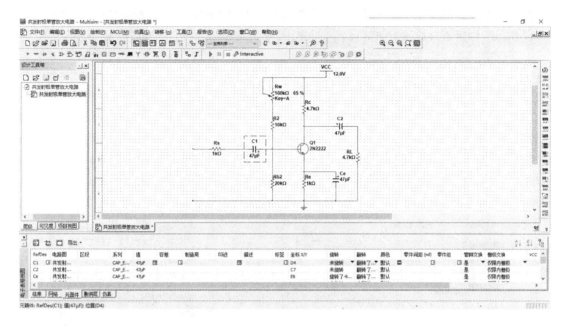

图 2.2.18　"元器件"选项卡

6. 元器件的标识

Multisim 14 为元器件、网络和引脚分配了标识。用户可以更改、删除元器件或网络的标识。这些标识可在元器件编辑窗口中被设置，还可以为这些标识选择字体风格和大小。

1) 更改元器件属性

对大多数的元器件来讲，标识和流水号可以由 Multisim 14 分配给元器件，也可以在元器件的"元器件属性"对话框的"标签"选项卡中指定。

双击元器件，出现"元器件属性"对话框后，再单击"标签"选项卡，如图 2.2.19 所示，可以为调用的元器件指定标识和流水号。

可在"RefDes"文本框和"标签"文本框中输入或修改标识和流水号（只能由数字和字母构成，一律不允许有特殊字符或空格）；可在"特性"列表框中输入或修改元器件特性（可以进行任意命名和赋值）。例如，可以给元器件命名为制造商的名字，也可以是个有意义的名称，如"新电阻"或"5月 15 日修正版"等。在"显示"复选框中可以选择需要显示的属性，相应的属性则与元器件一起显

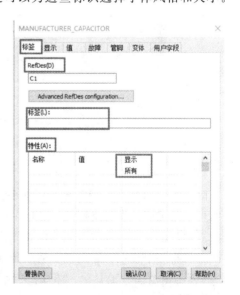

图 2.2.19　"标签"对话框

示出来了。退出修改，可单击"取消"按钮；保存修改，可单击"确认"按钮。

2) 更改网络编号

Multisim 14 自动为电路中的网络分配网络编号，用户也可以更改或移动这些网络编号。更改网络编号的方法为：双击导线（也称为连线），出现"网络属性"对话框，如图 2.2.20 所示，可以在此对网络进行设置。保留设置，可单击"确认"按钮；否则，单击"取消"按钮。

3) 添加备注

Multisim 14 允许用户为电路添加备注，如说明电路中的某一特殊部分等。添加备注的步骤是选择菜单"绘制"→"文本"命令（如图 2.2.21 所示）。单击想要放置文本的位置，出现光标，在该位置输入文本，单击电路窗口的其他位置，结束文本输入。

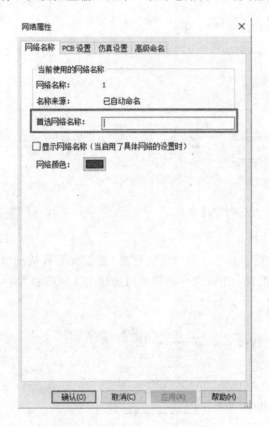

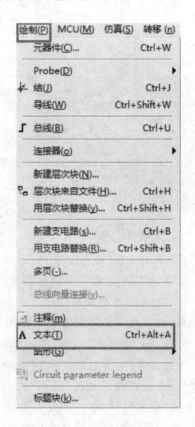

图 2.2.20　修改网络编号　　　　　　　　　图 2.2.21　"文本"命令

4) 添加说明

除了可以给电路的特殊部分添加备注外，还可以为电路添加一般性的说明内容，这些内容可以被编辑、移动或打印。因此在一张电路图中可以按需要放置多处备注，而"说明"是独立存放的文字，并不出现在电路图里，其功能是对整张电路图的说明，所以在一张电路图中只有一个说明。添加说明的步骤如下：

（1）选择菜单"工具"→"标题块编辑器"命令，出现"标题块编辑器"对话框，如图 2.2.22 所示。

（2）在"标题块编辑器"对话框中直接输入文字。

（3）输入完成后，单击"关闭"按钮退出文字说明编辑窗口，返回电路窗口，或者单击电路窗口页面直接切换到电路窗口，不需要关闭文字说明编辑窗口。

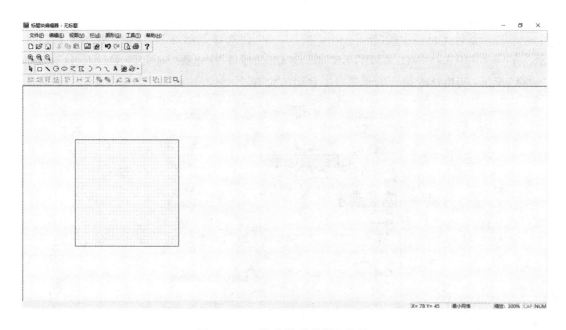

图 2.2.22　"标题块编辑器"对话框

2.2.3　放置元器件

1. 放置电流表和电压表

1）放置电流表

单击元器件工具栏中的"Indicators"按钮，弹出"选择一个元器件"对话框，如图 2.2.23 所示。在"系列"中选择"AMMETER"系列，在"元器件"中选择"AMMETER_H"，单击"确认"按钮，将电流表拖到电子平台上合适的位置。

图 2.2.23　放置电流表

2）放置电压表

单击元器件工具栏中的"Indicators"按钮，弹出"选择元器件"对话框，如图 2.2.24 所示。在"系列"中选择"VOLTMETER"系列，在"元器件"中选择"VOLTMETER_H"，单击"确认"按钮，将电压表拖到电子平台上合适的位置。

图 2.2.24　放置电压表

2. 放置电阻与电位器

1）放置电阻

单击元器件工具栏中的"Basic"按钮，弹出"选择一个元器件"对话框，如图 2.2.25 所示。在"系列"中选择"RESISTOR"，在"元器件"中选择"1k"，单击"确认"按钮，将电阻拖

图 2.2.25　放置电阻

到电子平台上合适的位置。继续单击"确认"按钮，将电路中所需要的其他固定电阻放置在平面上。也可采用调出一个电阻后，用"复制""粘贴"的方法放置其他电阻。

双击其中任一个电阻，弹出"电阻"对话框，单击"电阻（R）"栏右侧的下拉箭头，拉动滚动条选取"10k"，或者将"1k"直接修改为"10k"，单击下方的"确认"按钮退出，就可以将电阻由原来的 1 kΩ 修改为 10 kΩ，如图 2.2.26 所示。单击"标签"选项卡，将参考标识"R1"修改为所要求的电阻名称，即"R2"，如图 2.2.27 所示。

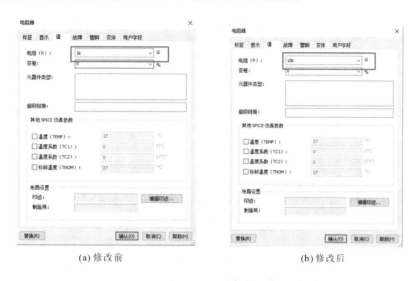

(a) 修改前　　　　　　　　　　　　(b) 修改后

图 2.2.26　修改电阻值

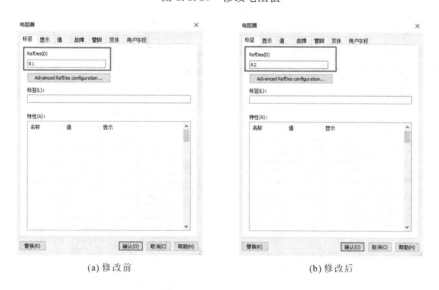

(a) 修改前　　　　　　　　　　　　(b) 修改后

图 2.2.27　修改电阻的标签

2）放置电位器

单击元器件工具栏中的"Basic"按钮，弹出"选择一个元器件"对话框。在"系列"中选择"POTENTIOMITER"，在"元器件"中选择任意一个阻值，单击"确认"按钮，将电位器拖到电子平台上合适的位置，如图 2.2.28 所示。

图 2.2.28　放置电位器

　　双击电位器图标，弹出"电位器"对话框，修改电位器的值为"100 kΩ"，如图 2.2.29 所示。单击"标签"选项卡，将参考标识"R1"修改为电路图中电位器的名称，即"Rw"，如图 2.2.30 所示。将鼠标移近电位器时将出现电位器的滑动槽和滑动块，如图 2.2.31 所示。按住鼠标左键使滑动块在滑动槽中左右移动，同时电位器的百分比跟着变化，从而改变电位器阻值。按键盘上的"A"键，同样也能改变电位器的百分比和阻值。

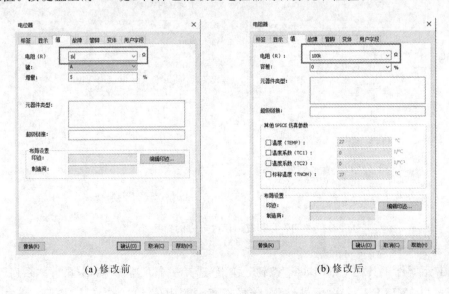

(a) 修改前　　　　　　　　　　　　　　　　(b) 修改后

图 2.2.29　修改电位器的值

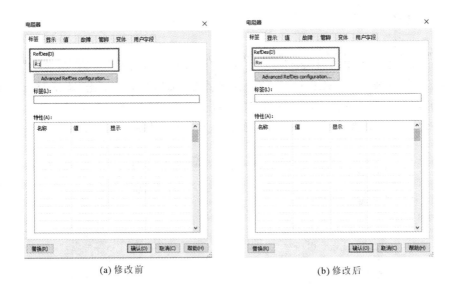

(a) 修改前　　　　　　　　　(b) 修改后

图 2.2.30　修改电阻器的标签

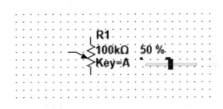

图 2.2.31　用鼠标控制电位器

3) 放置排阻

单击元器件工具栏中的"Basic"按钮，在"系列"中选择"RPACK"，在"元器件"中选择"8Line_Isolated"，如图 2.2.32 所示，单击"确认"按钮，将排阻拖到电子平台上合适的位置。

图 2.2.32　放置排阻

3. 放置电容与电感

1) 放置电容

单击元器件工具栏中的"Basic"按钮，弹出"选择一个元器件"对话框，如图 2.2.33 所示。在"系列"中选择"CAPACITOR"，在"元器件"中选择"1μ"，单击"确认"按钮，将电容拖到电子平台上合适的位置。双击电容 C1，弹出"电容器"对话框，如图 2.2.34 所示，将"电容(C)"栏中"1u"修改为"47u"，同时，修改电容标签，如图 2.2.35 所示。

图 2.2.33　放置电容

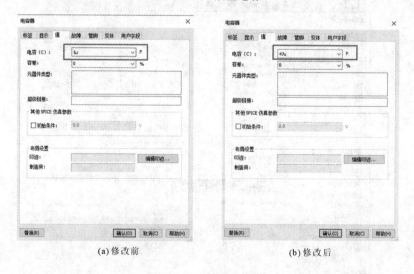

(a) 修改前　　　　　　　　　　　(b) 修改后

图 2.2.34　修改电容值

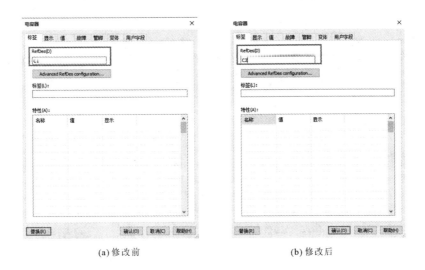

(a) 修改前   (b) 修改后

图 2.2.35   修改电容标签

2）放置电感

单击元器件工具栏中的"Basic"按钮，弹出"选择一个元器件"对话框，如图 2.2.36 所示。在"系列"中选择"INDUCTOR"，在"元器件"中选择"1m"，单击"确认"按钮，将电感拖到电子平台上合适的位置。双击电容 L1，弹出"电器"对话框，在"电感(L)"栏中将"1m"修改为"3.3m"，如图 2.2.37 所示。

图 2.2.36   放置电感

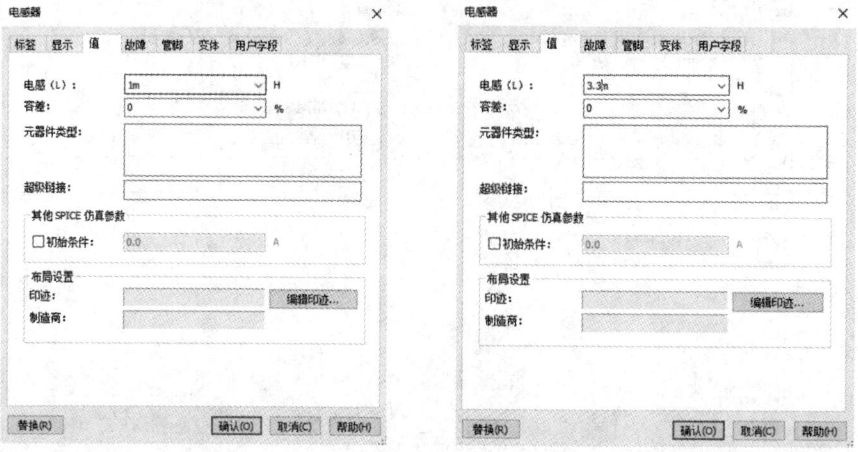

(a) 修改前   (b) 修改后

图 2.2.37 修改电感值

4. 放置发光二极管与译码器

1）放置发光二极管

单击元器件工具栏中的"Diodes"按钮，在"系列"中选择"LED"，在"元器件"中选择"LED_red"，单击"确认"按钮，将其拖到电子平台上合适的位置，如图 2.2.38 所示。双击发光二极管，弹出参数修改页面，可任意改变发光二极管的标签，如图 2.2.39 所示。

图 2.2.38 放置发光二极管

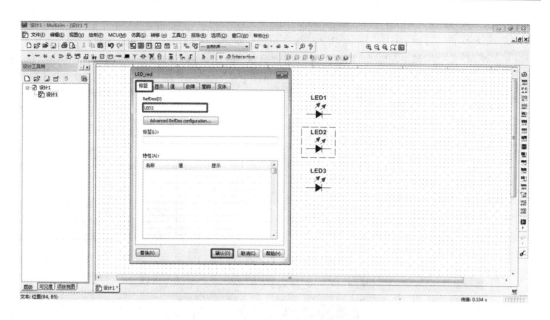

图 2.2.39　发光二极管标签的设置

2）放置 LED

单击元器件工具栏中的"放置源"按钮，弹出"选择一个元器件"对话框，如图 2.2.40 所示。在"组"中选择"所有组"，在"元器件"中选择"LED"，单击"确认"按钮，将 LED 拖到电子平台上合适的位置。

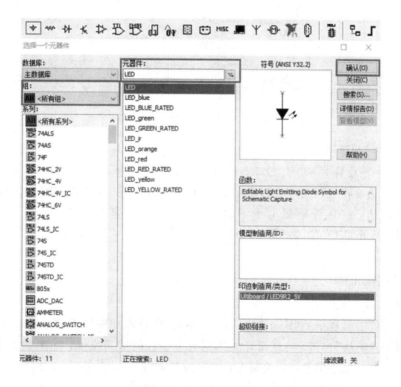

图 2.2.40　放置 LED

3）放置七段显示译码器

单击元器件工具栏中的"Indicators"按钮，在"系列"中选择"HEX_DISPLAY"，在"元器件"中选择"SEVEN_SEG_COM_A"，单击"确认"按钮，将其拖动到电子平台上合适的位置，如图 2.2.41 所示。

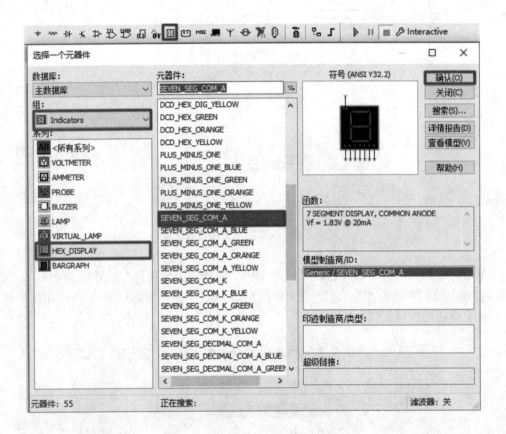

图 2.2.41　放置七段显示译码器

5．放置电源和地线

单击元器件工具栏中的"Sources"按钮，弹出"选择一个元器件"对话框，如图 2.2.42 所示。在"系列"中选择"POWER _SOURCES"，在"元器件"中选择"GROUND"，单击"确认"按钮，将地线拖到电子平台上合适的位置。同样，可放置电源 VCC。单击"VCC"图标，打开"VCC"对话框，选择"值"选项卡，将"5.0"修改为"12.0"，如图 2.2.43 所示。

6．放置逻辑元件

1）放置逻辑开关

单击元器件工具栏中的"Basic"按钮，在"系列"中选择"SWITCH"，在"元器件"中选择"SPDT"，点击"确认"按钮，将逻辑开关拖到电子平台的适当位置，如图 2.2.44 所示。该开关提供"0"与"1"电平信号，开关向上，输出为逻辑"1"；开关向下，输出为逻辑"0"。

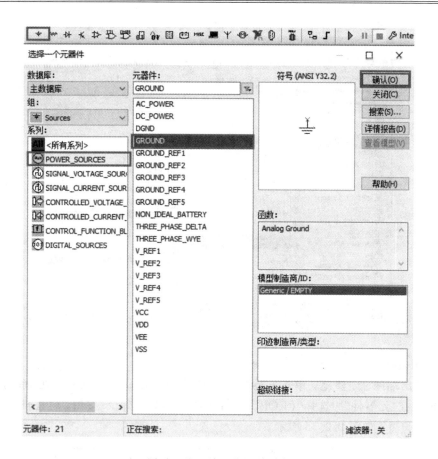

图 2.2.42　放置电源和地线

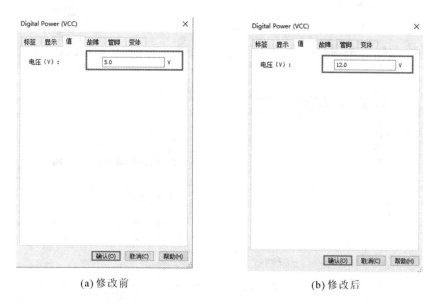

(a) 修改前　　　　　　　　　　　　(b) 修改后

图 2.2.43　修改 VCC 的值

图 2.2.44　放置逻辑开关

2）放置逻辑笔

门的输出端接至逻辑笔，单击元器件工具栏中的"Indicators"按钮，在"系列"中选择"PROBE"，在"元器件"中选择"PROBE_DIG_RED"，单击"确认"按钮，将逻辑笔拖到电子平台合适的位置，如图 2.2.45 所示。

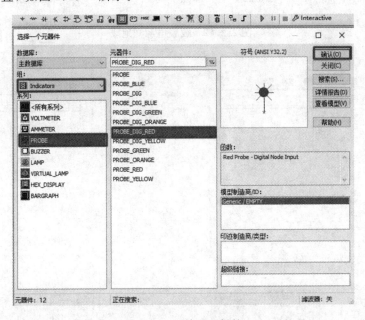

图 2.2.45　放置逻辑笔

3）放置逻辑"0"

单击元器件工具栏中的"Sources"按钮，在"系列"中选择"DIGITAL_ SOURCES"，在"元器件"中选择"INTERACTIVE_DIGITAL_CONSTANT"，单击"确认"按钮，在适当的位置放置元器件，如图 2.2.46 所示。

图 2.2.46　放置逻辑"0"

4）放置复位开关

单击元器件工具栏中的"Basic"按钮，弹出"选择一个元器件"对话框。在"系列"中选择"SWITCH"，在"元器件"中选择"PB_DPST"，将复位开关拖到电子平台上合适的位置，如图 2.2.47 所示。

图 2.2.47　放置复位开关

7. 放置 TTL 芯片 74LS125

单击元器件工具栏中的"TTL"按钮，在"系列"中选择"所有系列"，在"元器件"中输入

"74LS125"，单击"确认"按钮，将其拖到电子平台上合适的位置，如图 2.2.48 所示。

图 2.2.48 放置 TTL 芯片 74LS125

8. 放置 CMOS 芯片 4011

单击元器件工具栏中的"CMOS"按钮，在"系列"中选择"所有系列"，在"元器件"中输入"4011 BP_5V"，单击"确认"按钮，将其拖到电子平台上合适的位置，如图 2.2.49 所示。

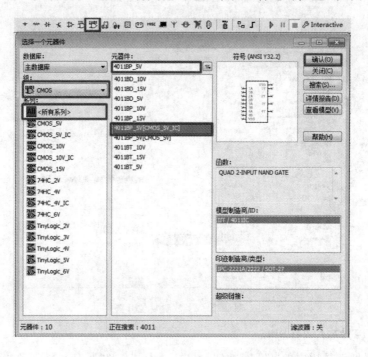

图 2.2.49 放置 CMOS 芯片 4011

9. 放置时钟信号

由于元器件库中没有单脉冲源发生器，在此用一个时钟信号源串联一个复位开关替代单脉冲源。单击元器件工具栏中的"Sources"按钮，弹出"选择一个元器件"对话框。在"系列"中选择"SIGNAL_VOLTAGE_SOURCES"，在"元器件"中选择"CLOCK_VOLTAGE"，单击"确认"按钮，将时钟信号拖到电子平台上合适的位置，如图 2.2.50 所示。

图 2.2.50　放置时钟信号

单击虚拟工具栏中的"函数发生器"，放置函数发生器到合适位置，双击该函数发生器，选择矩形波，并将频率改为"1"，如图 2.2.51 所示。

10. 放置蜂鸣器

单击元器件工具栏中的"Indicators"按钮，在"系列"中选择"BUZZER"，在"元器件"中选择"BUZZER"，单击"确认"按钮，将蜂鸣器拖到电子平台上合适的位置，如图 2.2.52 所示。

11. 放置 555 定时器

单击元器件工具栏中的"放置源"按钮，弹出"选择一个元器件"对话框，在"组"中选择"所有组"，在"元器件"中输入"555"，单击"确认"按钮，将 555 定时器拖到电子平台上合适的位置，如图 2.2.53 所示。

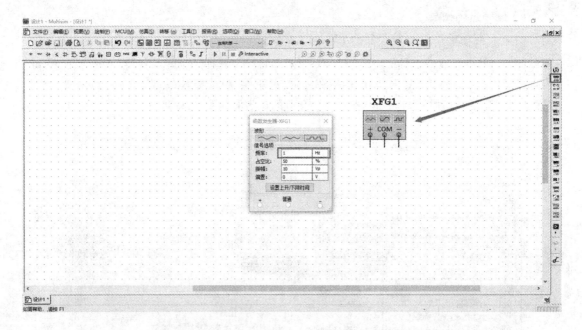

图 2.2.51　放置 1 Hz 矩形波

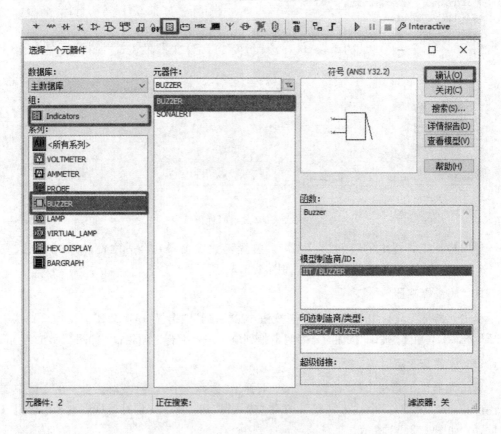

图 2.2.52　放置蜂鸣器

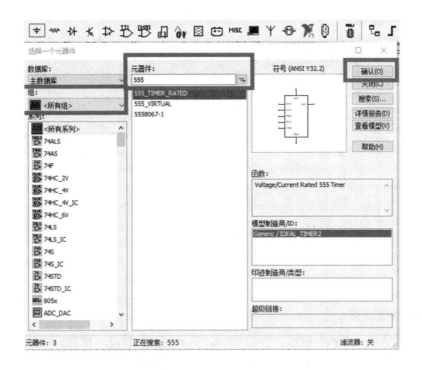

图 2.2.53　放置 555 定时器

2.2.4　导线操作与结点添加

1. 导线的连接

在两个元器件之间，首先将鼠标指向一个元器件的端点，此时光标变成"＋"号，按下鼠标左键并拖曳出一根导线，拉住导线并指向另一个元器件的端点，使光标变成"＋"号，释放鼠标左键，则导线连接完成。连接完成后，导线将自动选择合适的走向，不会与其他元器件或仪器发生交叉。

2. 连线的删除

将鼠标指向元器件与导线的连接点，此时光标变成"＋"号，按下左键拖曳该"＋"号使导线离开元器件端点，释放左键，导线自动消失，完成导线的删除。删除一根导线的方法是：选中该导线，按"Delete"键或者在导线上单击鼠标右键，再从弹出的菜单中选择"Delete"命令。

3. 修改连线路径

改变已经画好的导线的路径：选中导线，在线上会出现一些拖动点；把光标放在任一点上，按住鼠标左键拖动此点，可以更改导线路径，或者在导线上移动鼠标箭头，当它变成双箭头时按住左键并拖动，也可以改变导线的路径。用户可以添加或移走拖动点以便更自由地控制导线的路径：按"Ctrl"键，同时单击想要添加或去掉的拖动点的位置，如图2.2.54 所示。

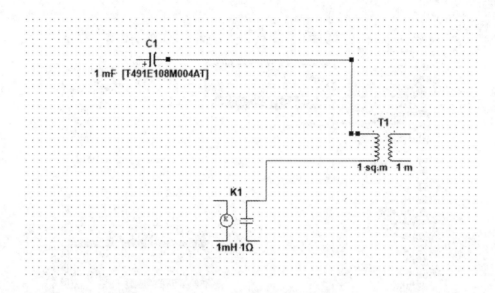

图 2.2.54　修改导线路径

4. 设置连线颜色

连线的默认颜色是在"选项"→"电路图属性"→"颜色"窗口中设置的。要改变已设置好的连线颜色，可以在连线上单击鼠标右键，然后在弹出的菜单中选择"区段颜色"命令（如图 2.2.55 所示），再从调色板（如图 2.2.13 所示）上选择颜色再单击"确认"按钮。若想改变当前电路的颜色配置（包括连线颜色），在电路窗口单击鼠标右键，可以在弹出的菜单中更改颜色配置。

图 2.2.55　"区段颜色"命令

5. 手动添加结点

如果从一个既不是元器件引脚，也不是结点的地方来连线，就需要添加一个新的结点。当两条线连接起来时，Multisim 14 软件会自动地在连接处增加一个结点，以区分简单的连线交叉的情况。手动添加一个结点的步骤如下：

（1）选择菜单"绘制"→"结"命令（如图 2.2.56 所示），鼠标箭头的变化表明准备添加一个结点。

（2）单击连线上想要放置结点的位置，在该位置出现一个结点。

（3）与新的结点建立连接：把光标移近结点，直到它变为"＋"形状。单击鼠标，可以从结点到所希望的位置画出一条连线。

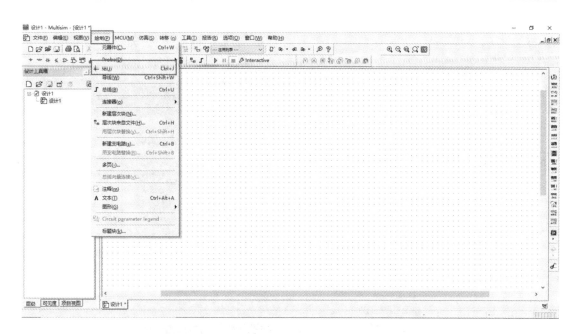

图 2.2.56 "结"命令

2.3 创建电路原理图的基本操作

2.3.1 创建电路窗口

运行 Multisim 14 软件，自动打开一个空白的电路窗口。电路窗口是用户放置元器件、创建电路的工作区域，用户也可以通过单击工具栏中的 ▯ 按钮（或按"Ctrl＋N"组合键），新建一个空白的电路窗口。

注意：可利用工具栏中的缩放工具 ⊕ ⊖ ⊕ ⊖ ▦ ，在不同比例模式下查看电路窗口，通过鼠标滑轮也可实现电路窗口的缩放；按住"Ctrl"键的同时滚动鼠标滑轮，可以实现电路窗口的上下滚动。

Multisim 14 软件允许用户创建符合自己要求的电路窗口，其中包括界面的大小，网格、页数、边界、纸张边界及标题框是否可见，符号标准（美国标准或欧洲标准）等。

初次创建一个电路窗口时，使用的是默认选项。用户可以对默认选项进行修改，新的设置会和电路文件一起保存，这就可以保证用户的每一个电路都有不同的设置。如果在保存新的设置时设定了优先权，那么当前的设置不仅会应用于正在设计的电路，而且还会应用于此后将要设计的系列电路。

1. 设置界面大小

（1）选择菜单"选项"→"电路图属性"→"工作区"命令，如图 2.3.1 所示。或者在电路窗口内单击鼠标右键，选择"属性"→"工作区"命令，如图 2.3.2 所示。系统弹出如图 2.3.3 所示的"工作区"对话框。

图 2.3.1 "选项"框　　　　图 2.3.2 鼠标右键弹出框

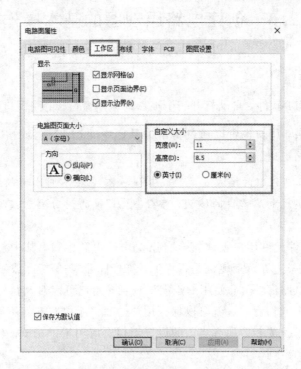

图 2.3.3 "工作区"对话框

（2）从"电路图页面大小"下拉列表框中选择界面尺寸。这里提供了几种常用型号的图纸供用户选择。选定下拉框中的纸张型号后，与其相关的宽度、高度将显示在右侧"自定义大小"选项组中。

（3）若想自定义界面的尺寸，可在"自定义大小"选项组内设置界面的宽度和高度值，单位根据用户习惯可选择英寸或厘米；另外，在"方向"选项组内，可设置纸张放置的方向为横向或者竖向。

（4）设置完毕后单击"确认"按钮，若取消设置则单击"取消"按钮。选中"保存为默认值"复选框，可将当前设置保存为默认设置。

2. 显示或隐藏网格、页面边界和边界

Multisim 14 软件的电路窗口中可以显示或隐藏网格、页面边界和边界。选择菜单"选项"→"电路图属性"→"工作区"命令，更改了设置的电路窗口的示意图将显示在选项左侧的"显示"选项组中，如图 2.3.4 所示。

图 2.3.4　"显示"选项组

（1）选中"显示网格"复选框，电路窗口中将显示背景网格，用户可以根据背景网格对元器件进行定位。

（2）选中"显示页面边界"复选框，电路窗口中将显示纸张边界，纸张边界决定了界面的大小，为电路图的绘制限制了一个范围。

（3）选中"显示边界"复选框。电路窗口中将显示电路图边框，该边框为电路图提供了一个标尺。

3. 选择电路颜色

选择"选项"→"电路图属性"→"颜色"命令，系统弹出"电路图属性"对话框。用户可以在"颜色方案"选项组内下拉列表框中选取一种预设的颜色配置方案，也可以在下拉列表框中选择"自定义"选项，自定义一 种自己喜欢的颜色配置，如图 2.3.5 所示。

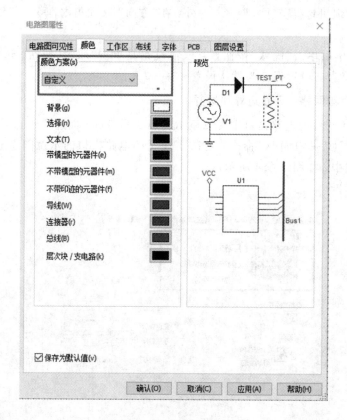

图 2.3.5 "颜色方案"选项组

2.3.2 电路连接

1. 元器件连接

任何元器件引脚上都可以引出一条连接电路，并且这条连线也一定能连接到另外一条连线上。如果一个元器件的引脚靠近另外一条连线或者另外一个元器件的引脚，连接会自动地产生。元器件的连接步骤如下：

（1）用鼠标左键按住欲连接的元器件，拖动并靠近被连接的元器件引脚或被连接的连线。

（2）当两个元器件的引脚相接处或者引脚与连线相接处出现一个小红圆点时，释放左键，小红点消失。

（3）按下鼠标左键，将元器件拖至适当的位置，连线自动出现。

两个元器件之间的连接步骤如下：

（1）将鼠标指向某元器件的一个端点，鼠标消失，在元器件端点处出现一个带十字花的小黑圆点。

（2）单击鼠标左键，移动鼠标，沿网格会引出一条黑色的虚直线或折线。

（3）将鼠标拉向另一元器件的一个端点，并使其出现一个小红圆点。

（4）单击鼠标左键，虚线变为红色，实现这两个元器件之间的有效连接。

2. 元器件间连线的删除与改动

元器件间连线的删除步骤如下：

（1）用鼠标右键单击欲删除的连线，该连线被选中，在连接点及拐点处出现蓝色的小方点，并打开"连线处置"对话框，即"元器件间连线的删除与改动"对话框，如图 2.3.6 所示。

（2）单击"删除"命令，"连线处置"对话框及连线消失。改动元器件间连线可在删除原来连线后重新进行。

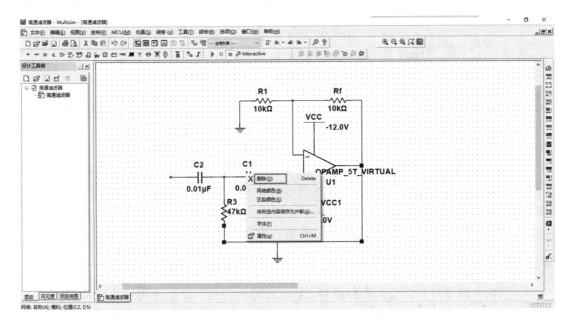

图 2.3.6　"元器件间连线的删除与改动"对话框

3. 元器件连接点的作用

（1）将 3 个元器件连接在一起时，元器件连接处会自动出现一个小红圆点，表示两条线是相连的，如图 2.3.7 所示。

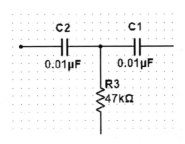

图 2.3.7　3 个元器件链接

（2）4 个元器件两两相连，两条线相互交叉但并不连接，是绝缘的，如图 2.3.8 所示。

（3）单击"绘制"菜单，打开下拉菜单，单击"结"命令，将随鼠标拖出一个带十字花的小黑圆点。拖至两线交叉点处，单击鼠标左键，元器件连接点被放下并变成红色，此时两条线变为相互连接的，如图 2.3.9 所示。

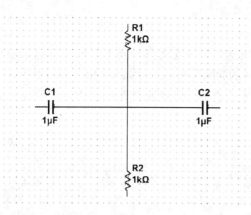

图 2.3.8　4 个元器件两两连接

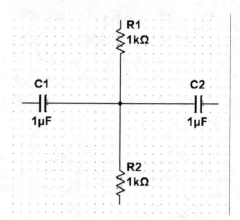

图 2.3.9　4 个元器件连接

（4）像图 2.3.7 那样，先将第三个元器件与前两个元器件连接，再将第四个元器件与前三个元器件的连接点相接。不用特意提取连接点，也可以实现 4 个元器件的连接。

（5）每一个连接点最多只能与 4 个元器件连接。当 5 个以上元器件相接时，连线上至少有两个连接点。

（6）在一条连线上的任何位置都可以放置一个连接点，并引出支线。

2.3.3　放置总线

在数字电路中常常有很多平行排列、功能相近的连线。如果使用的集成电路不止一个，或者规模较大，这些连线的数量就会大大增加，使人感觉眼花缭乱，而难以分辨。使用总线，可以大大缩短和减少连线，从而使电路图变得简洁明快。

1. 总线的放置

总线可以在一张电路图中使用，也可以通过连接器连接多张图样。在一张电路图中，可以有一条总线，也可以有多条。不是同一条总线，只要它们的名字相同，它们就是相通的，即使相距很远，也不必实际相连。

放置总线的具体操作步骤如下：

（1）单击元器件工具栏中的"┛"按钮（或者点击"绘制"→"总线"命令），光标消失，将出现一个带十字花的小黑圆点。

（2）用鼠标将小黑圆点拖到总线起点位置时用鼠标左键单击，该处将出现一个虚线连接的小方点。

（3）拖动鼠标，会引出一条虚线，到总线的第二点时用鼠标左键单击，又出现一个小方点，直至画完整条总线。

（4）用鼠标左键双击结束画线，细的虚线变成一条粗黑线，如图 2.3.10 所示。

（5）总线可以水平放置，也可以垂直放置，还可以 45°角倾斜放置。总线可以是一条直线，也可以是有多个拐点的折线。

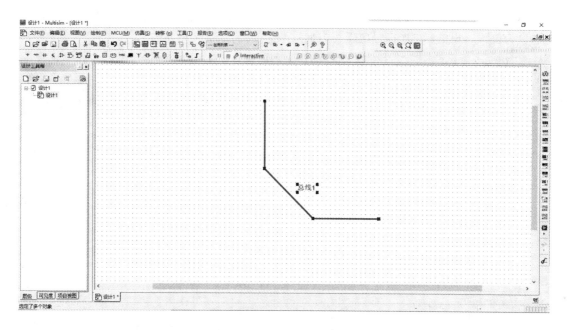

图 2.3.10　总线连接图

2. 元器件与总线的连接

元器件的接线端都可以与总线连接，连接步骤如下：

（1）将鼠标指向元器件的端点，此时鼠标箭头变成一个带十字花的小黑圆点，单击鼠标左键。

（2）拖动鼠标，移向总线。当靠近总线并出现折弯时，单击鼠标左键。

（3）出现如图 2.3.11 所示的"总线入口连接"对话框，若有必要，可修改引线编号，单击"确认"按钮。

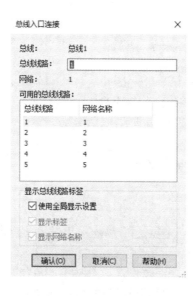

图 2.3.11　"总线入口连接"对话框

（4）引线与总线连接处的折弯可有两个方向，既可以向上（或向左），也可以向下（或向右）。为使图形规整，在连接时应保持方向一致，如图 2.3.12 所示。

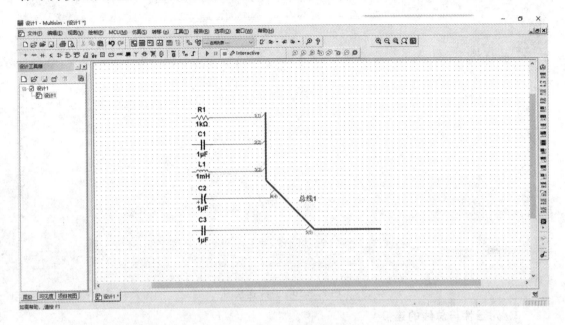

图 2.3.12　元器件与总线的连接

（5）将所有元器件的相关接线端逐一与总线连接，注意根据需要修改引线编号。

3. 合并总线

在大型数字电路图中，为使图样整洁和连接方便，常将多条总线合并使用。其具体操作步骤如下：

（1）双击需要更名的总线，打开"总线设置"对话框，如图 2.3.13 所示。

图 2.3.13　"总线设置"对话框

（2）修改总线名称为要合并的那根总线的名称，单击"确认"按钮，弹出如图 2.3.14 所示的"总线合并"对话框，选择"虚拟连接总线"，单击"确认"按钮，两条总线就合并为一条总线，如图 2.3.15 所示。

（3）根据需要将应该合并的多条总线逐条合并。

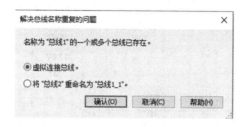

图 2.3.14　"总线合并"对话框

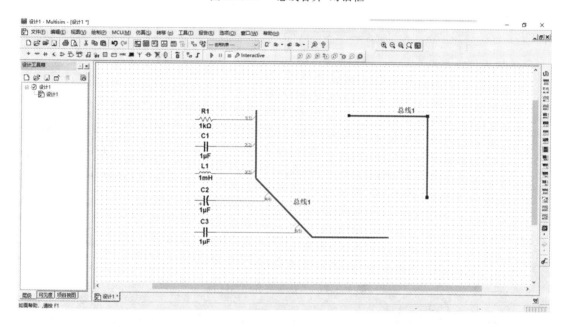

图 2.3.15　合并完成的总线

2.3.4　子电路和层次设计

在电路图创建的过程中，经常会碰到这样两种情形：一是电路规模很大，全部在屏幕上显示不方便，但可先将电路的某一部分用一个框图加上适当的引脚来表示；二是电路的某一部分在一个电路或多个电路中多次被使用。若将其圈成一个子电路（或称为支电路），以一个元器件图标的形式显示在主电路中，就像一个元器件一样，则会十分方便。

1. 创建子电路

创建子电路的步骤如下：

（1）创建原始电路，或者直接打开原有电路。

（2）为了便于子电路的连接，需要对子电路添加输入/输出（I/O）端口。方法是：选择"绘制"→"连接器"→"Input connector/Output connector"（输入端添加"Input connector"，输出端添加"Output connector"），提取端口图标并与电路连接，如图 2.3.16 所示。

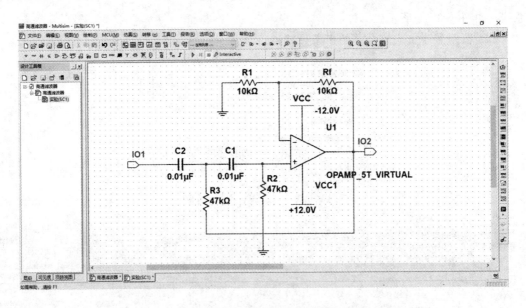

图 2.3.16　添加输入/输出端口

（3）用鼠标将电路图圈起，单击鼠标右键，选择"用支电路替换"（或者单击"绘制"菜单，再点击"用支电路替换"），弹出如图 2.3.17 所示的"支电路名称"对话框，输入名称，点击"确认"按钮，子电路即出现在工作区，创建完成的子电路如图 2.3.18 所示。

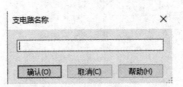

图 2.3.17　"支电路名称"对话框

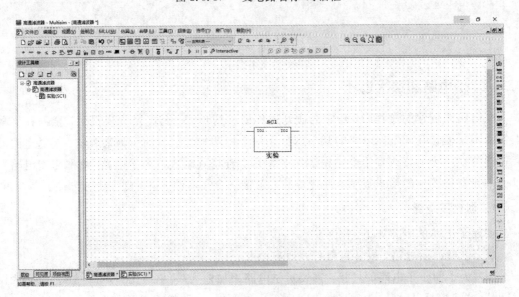

图 2.3.18　创建完成的子电路

2. 子电路的复制和修改

选中已经创建完成的子电路，点击"复制"按钮，然后打开应用子电路的新窗口，点击"粘贴"按钮。再在打开的对话框中填入子电路的名字，于是子电路就以其命名，以一个元器件的形式显示在新电路窗口中，进而与其他元器件连接，组成更大规模的电路。如要对子电路属性进行修改，可用鼠标左键双击其图标，即出现如图 2.3.19 所示的"层次块/支电路"对话框。单击"打开子电路图"按钮，将打开如图 2.3.16 所示的原始电路，可对其电路参数进行修改。

图 2.3.19　"层次块/支电路"对话框

2.4　Multisim 14 常用数字电路测试仪表

Multisim 14 软件提供了很多虚拟仪器仪表，可用来测量电路参数或观测图形图像。这些仪器的设置、使用和数据读取都和真实仪表一样，面板、按钮和开关也与真实仪器相同。

在仪器库中，虚拟仪器有数字万用表、函数信号发生器、瓦特表、双踪示波器、4 通道示波器、波特图仪、频率计数器、字发生器、逻辑分析仪、逻辑转换器、IV 分析仪、失真分析仪、频谱分析仪、网络分析仪、安捷伦函数信号发生器、安捷伦数字万用表、安捷伦示波器和动态测试探针等。

仪器仪表栏如图 2.4.1 所示。仪器仪表是进行虚拟电子实验和电子设计仿真的最快捷而又形象的特殊工具。仪器仪表的功能名称与仿真菜单下的虚拟仪器仪表相同，如图 2.4.2 所示。

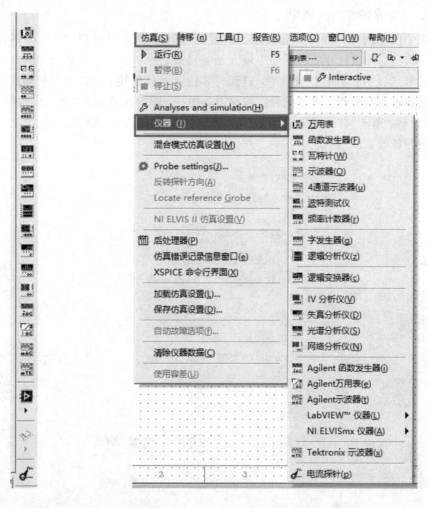

图 2.4.1　仪器仪表栏　　　　　　　　图 2.4.2　仪器仪表的功能名称

2.4.1　示波器

示波器是一种用途十分广泛的、能直接观察和真实显示实测信号的综合性电子测量仪器。它不仅能定性地观察电路的动态过程，如观察电压、电流或经过转换的非电量等变化过程，还可以定量测量各种电参数，如被测信号的幅度、周期、频率等。

示波器根据对信号的处理方式分为模拟示波器和数字示波器；根据用途分为通用示波器和专用示波器；根据信号通道分为单踪、双踪、四踪、八踪示波器。Multisim 14 软件中的虚拟示波器有双通道示波器和四通道示波器。

1. 双通道示波器

双通道示波器与实际的示波器外观和基本操作基本相同。从仪器仪表栏中调出虚拟双通道示波器如图 2.4.3 所示。其图标和面板如图 2.4.4 所示。示波器图标有 4 个连接点：A 通道输入、B 通道输入、外触发端 T 和接地端 G。双击图标打开示波器的控制面板，可进行参数设置和读取输出信号值。

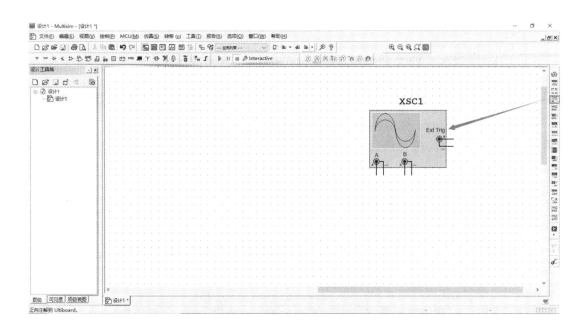

图 2.4.3　调出虚拟双通道示波器

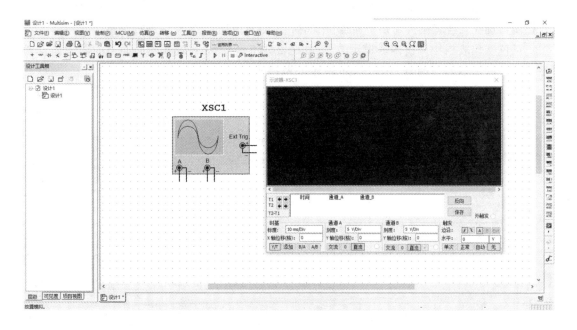

图 2.4.4　双通道示波器图标及面板

1）"时间轴"设置区

（1）比例：设置显示波形时的 X 轴时间基准，相当于实际示波器的时间挡位调整。

（2）X 位置：设置 X 轴的起始位置，相当于实际示波器的水平位移调整。

（3）显示方式选择："Y/T"方式指的是 X 轴显示时间，Y 轴显示 A、B 通道的输入信号；"加载"方式指的是 X 轴显示时间，Y 轴显示 A 通道和 B 通道电压之和；"B/A"方式指的是 Y 轴显示 B 通道，X 轴显示 A 通道。"A/B"与"B/A"相反。

2）"通道 A"设置区

（1）比例：通道 A 的 Y 轴电压刻度设置，相当于实际示波器的垂直挡位调整。

（2）Y 位置：设置 Y 轴的起始点位置，起始点为 0 表明 Y 轴和 X 轴重合，起始点为正值表明 Y 轴原点位置向上移，否则向下移，相当于实际示波器的垂直位移调整。

（3）耦合方式选择：有三种方式，即 AC（交流耦合）、0（接地）和 DC（直流耦合）。交流耦合只显示交流分量，直流耦合显示直流和交流之和，0 耦合是在 Y 轴设置的原点处显示一条直线。

3）"通道 B"设置区

通道 B 各项设置同"通道 A"设置。

4）"触发"设置区

（1）边沿：设置被测信号开始的边沿，设置先显示上升沿还是下降沿。

（2）电平：设置触发信号的电平，使触发信号在某一电平时启动扫描，即当信号幅度达到触发电平时，示波器才扫描。

（3）类型：有"正弦""标准""自动""无"4 个触发类型供选择，一般选择"自动"。

2．四通道示波器

四通道示波器与双通道示波器的使用方法和参数调整方式完全一样，只是多了一个通道控制器旋钮，当旋钮拨到某个通道位置时，才能对该通道的 Y 轴进行调整。

从仪器仪表栏中调出四通道示波器（如图 2.4.5 所示），在观察不同通道的图像和设置不同通道的参数时需调节如图 2.4.6 所示的调挡按钮。

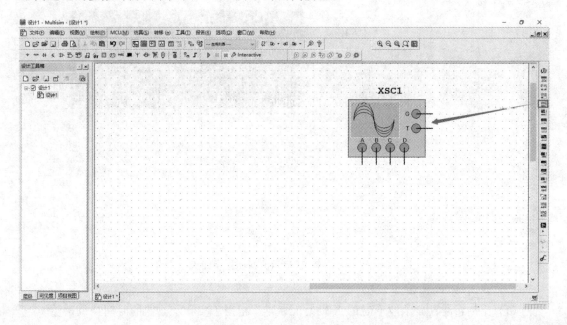

图 2.4.5　调出四通道示波器

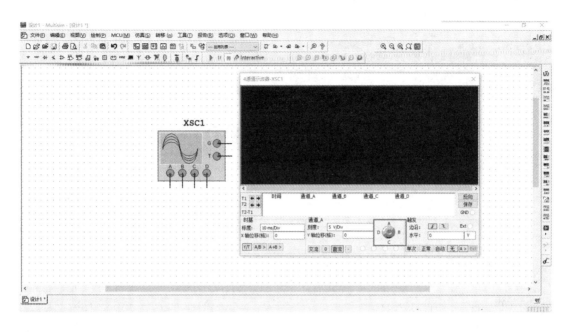

图 2.4.6　调挡按钮

2.4.2　频率计数器

频率计数器是测量信号频率、周期、相位、脉冲信号的上升沿时间和下降沿时间等的仪器。其使用方法是将接线符号接到电路中，打开测量面板进行测量。从仪器仪表栏中调出频率计数器，如图 2.4.7 所示。频率计数器的图标和测量面板如图 2.4.8 所示。使用过程中应注意根据输入信号的幅值，调整频率计数器的灵敏度和触发电平。

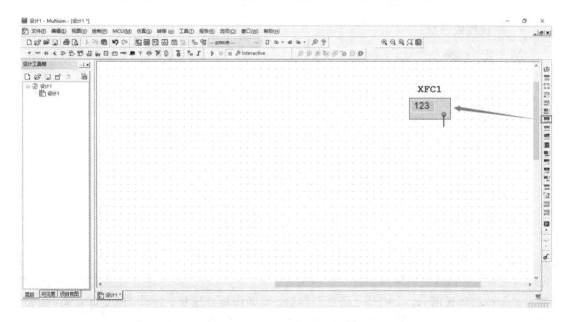

图 2.4.7　调出频率计数器

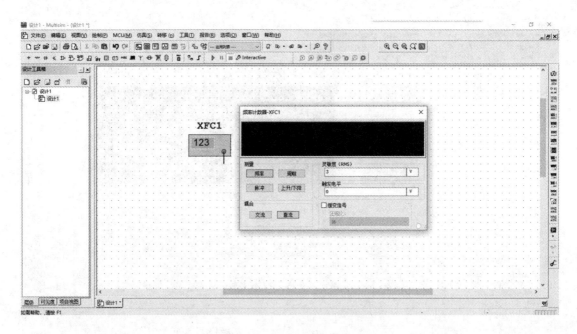

图 2.4.8　频率计数器的图标和测量面板

1．测量

测量步骤如下：

（1）按下"频率"按钮，测量频率。

（2）按下"脉冲"按钮，测量正、负脉冲宽度。

（3）按下"周期"按钮，测量信号一个周期所用时间。

（4）按下"上升/下降"按钮，测量脉冲信号上升沿和下降沿所占用的时间。

2．耦合模式选择

耦合模式选择方式如下：

（1）按下"交流"按钮，仅显示信号中的交流成分。

（2）按下"直流"按钮，显示信号中的交流加直流成分。

3．电压灵敏度设置

设置合适的灵敏度来得到想要的波形。

4．触发电平

输入波形的电平必须超过触发电平设置数值，才会显示波形。

2.4.3　字发生器

在 Multisim 14 软件中，字发生器是一个可编辑的通用数字激励源，它产生并提供 32 位的二进制数，输入到要测试的数字电路中。字发生器与函数发生器的功能相似。字发生器左侧是控制面板部分，右侧是字值显示窗口。控制面板分控制、显示、触发等方式，可分别设置，也可选择频率。从仪器仪表栏中调出字发生器，如图 2.4.9 所示。字发生器的图标、控制面板如图 2.4.10 所示。

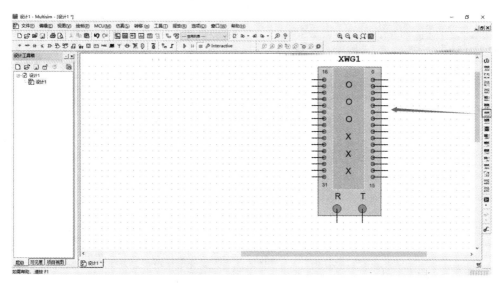

图 2.4.9　调出字发生器

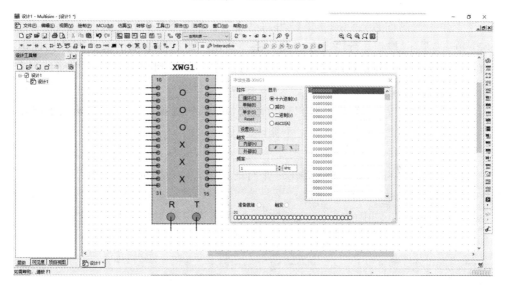

图 2.4.10　字发生器的图标、控制面板

1. 显示窗口的字值数制

字发生器控制面板右边的字值显示窗口共有 1024 行(储存单元),以卷轴的形式出现。每一行的字值可以以 8 位十六进制数显示,即从 00000000 到 FFFFFFFF;或以 10 位十进制数显示,即从 0 到 4 294 967 295;还可以以 32 位二进制数显示。

在字值显示窗口中,若选择了"十六进制"单选按钮,则每一行的字值以 8 位十六进制数显示;若选择了"减"单选按钮,则以 10 位十进制数显示;若选择了"二进制"单选按钮,则以 32 位二进制数显示。当字发生器处于仿真状态时,面板右边的字值将一行一行地以并码方式相继传送到与之相对应的仪表底部的接线终端,由仪表底部的接线终端接到数字电路中。

2. 输出方式控制

字值的输出方式控制如图 2.4.11 所示。

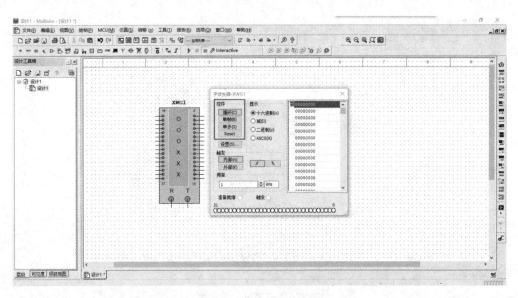

图 2.4.11　输出方式控制

将字发生器控制面板右边的字值输出到电路中，有以下几种方式：

（1）单击"循环"按钮，行输出方式设为循环输出，即从被选择的起始行开始向电路输出字值，一直到终止行为止。在完成一个周期后又重新跳回到起始行重复上面的过程，周而复始直到停止仿真。

（2）单击"单帧"按钮，行的字值仅输出一次，即从被选择的起始行开始向电路输出字值，一直到终止行为止，只传输一次，不循环。

（3）单击"单步"按钮，行输出方式是单步输出，即要使一个行的字值输出到电路中，必须单击一次"单步"按钮，若要再输出一个行的字值，就必须再单击一次"单步"按钮。单步输出往往在调试电路时使用。

（4）字值传输到电路中的速度与频率区中的频率设置有关，如图 2.4.12 所示。

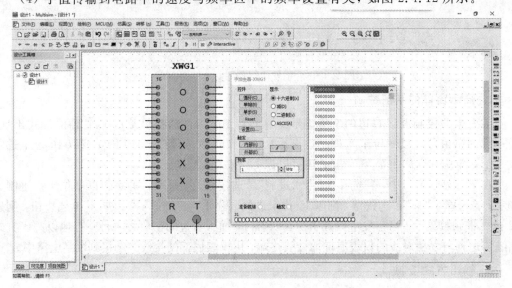

图 2.4.12　频率设置

3. 设置

单击"设置"按钮，系统弹出行的字值设置面板，如图 2.4.13 所示。

(1)"预设模式"行的字值选项。这些选项在图 2.4.13 左侧。其中"左移"或"右移"被选中时，其排列规则可按二进制数说明，每递增一行序，二进制数的后面或前面就增加一个 0，即行的字值按 2 的几何级数递增或递减。有规律的字值是预先以文件形式保存的。当输入行的字值排列有规律时，往往调用已保存在文件中行的字值，省去人工输入的麻烦。

(2)"显示类型"选项。用于设置"缓冲区大小"和"初始模式"选项用什么进制数来表示。

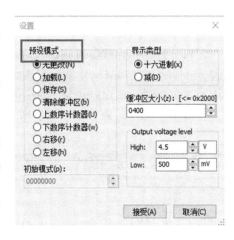

图 2.4.13　行的字值设置面板

(3)"缓冲区大小"和"初始模式"选项。"缓冲区大小"设置需使用卷轴上多少行。"初始模式"设置卷轴上的起始行。仅在"左移""右移"被选中后，才需要对其进行设定。

4. 触发控制

触发控制设置信号触发方式，如图 2.4.14 所示，即设置行的字值输出到电路中采用何种触发方式，是用字发生器内部信号还是外部信号触发，是用信号的上升沿触发还是用信号的下降沿触发。单击"内部"按钮，是用字发生器的内部时钟控制触发；单击"外部"按钮，是依靠外部信号控制触发；使用" ⌐ ⌐ "按钮，是用信号的上升沿/下降沿触发。

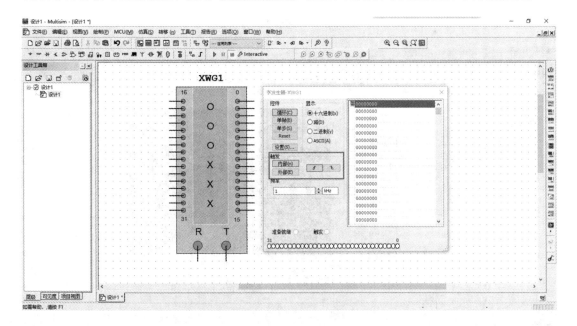

图 2.4.14　触发控制

2.4.4 逻辑分析仪

逻辑分析仪作为数据域测试仪器中最有用、最有代表性的一种仪器，性能与功能日益完善，已成为调试与研制复杂数字系统，尤其是计算机系统的强有力工具。Multisim 14 软件中的逻辑分析仪可同时显示 16 个逻辑通道信号。从仪器仪表栏中调出逻辑分析仪，如图 2.4.15 所示。其图标和操作面板如图 2.4.16 所示。

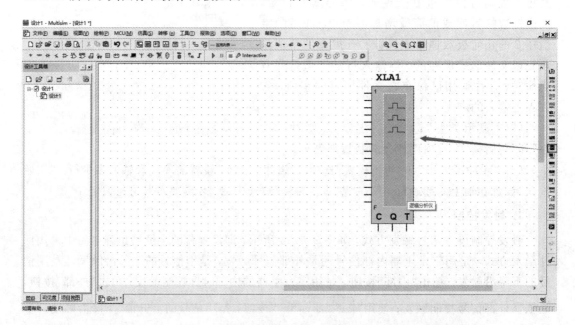

图 2.4.15 调出逻辑分析仪

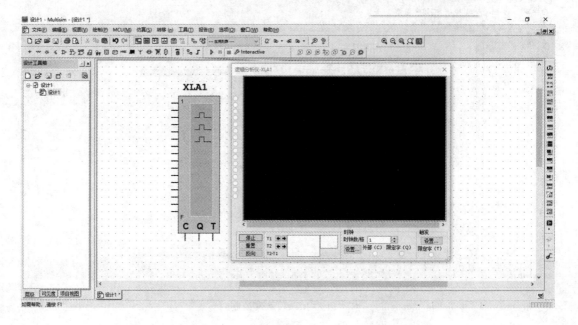

图 2.4.16 逻辑分析仪的图标和操作面板

接线符号显示了逻辑分析仪有 16 路逻辑通道输入端口以及外接时钟输入端口"C"、时钟限制输入端口"Q"、触发输入端口"T"。

图 2.4.16 所示的接线符号左边的 16 个接线端口对应仪器面板上的 16 个接线柱。当接线符号的接线端口与电路中某一点相连接时，面板左边的接线柱圆环中间就会显示一个黑点，并同时显示出此连线的编号。此编号是按连线的时间先后顺序排列的。若接线符号的接线端口没有与电路相连，则接线柱圆环中间没有黑点。

当电路开始仿真时，逻辑分析仪记录的由接线柱输入的数字量，随时间以脉冲波的形式在逻辑分析仪上显示，其效果与示波器相似。与示波器不同的是，逻辑分析仪显示的信号电平是"1"与"0"。最顶端的一行显示 1 通道的信号（一般是数字逻辑信号的第一位），下一行显示的是 2 通道的数据（也就是逻辑信号的第二位），以此类推。显示屏上脉冲波形的颜色与接线的颜色一致，接线的颜色可以任意设定。

仿真时间在信号显示屏上部显示。显示屏同时显示内部时钟信号、外部时钟信号和触发信号。

1. 屏幕显示控制

图 2.4.17 所示的"逻辑分析仪"对话框内有"停止""重置""反向"3 个按钮。"停止"按钮用于停止仿真；"重置"按钮用于逻辑分析仪复位并清除已显示波形，重新仿真；"反向"按钮用于改变逻辑分析仪的背景色。

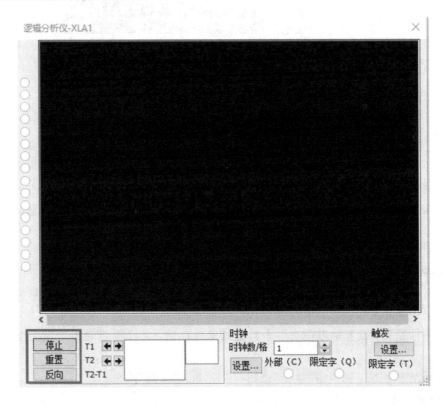

图 2.4.17　"逻辑分析仪"对话框

2. 时钟设置

逻辑分析仪在采样特殊信号时，需做一些特殊设置。例如，在触发信号到达前，往往对信号先采样并存储，直到有触发信号到来为止。有触发信号以后，再开始采样触发后信号的数据，这样可以分析触发信号前后的信息变化情况。

如果采样的信息量已达到并超过设置的存储数量，而触发信号没有到来，那么以先进先出为原则，由新的数据去替代旧数据。如此周而复始，直到有触发信号为止。

根据需要指定逻辑分析仪触发前和触发后的信号采样存储数量，可单击"时钟"选项组中的"设置"按钮，由系统弹出的"时钟设置"对话框进行设定，如图 2.4.18 所示。

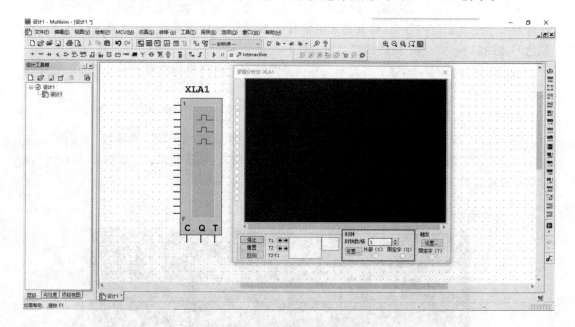

图 2.4.18 "时钟设置"对话框

"时钟设置"对话框的操作选项如下：

（1）时钟源：在读取输入信号时，必须有时钟脉冲，根据需要采用内部或外部时钟脉冲。选择内部时钟模式与示波器的自动扫描相仿；选择外部时钟模式与示波器外接扫描信号相仿。

（2）时钟频率：设置内部信号扫描比率。

（3）时钟脉冲限制器：对输入时钟信号设置门槛限制。如果设置为"X"，限制就不启动，只要有时钟信号，采样就开始；如果设置门槛限制为"1"或"0"，时钟信号只有符合限制设置时，采样才开始。

（4）采样设置：设置触发前有多少数据被采样存储，采样设置触发后就有多少数据被采样存储。

如果设置被采纳，则单击"接受"按钮；否则单击"取消"按钮。

3. 触发方式

用逻辑分析仪观察数据流中的一段数据，其方法是：设置特定的观察起点、终点或与被分析数据有一定关系的某一个参考点。这个特定的点在数据流中一旦出现，便形成一次触发事件，相应地把数据存入存储器。这个特定的参考点可能是一个数据字，也可能是字或事件的序列，总之是一个多通道的逻辑组合，这个数据字被称为触发字。

在触发控制区域中，单击"设置"按钮，系统弹出"触发设置"对话框，如图 2.4.19 所示。该对话框用于选择数据流窗口的数据字，即逻辑分析仪采集数据前必须比较输入与设定触发字是否一致，若一致，则逻辑分析仪开始采集数据；否则不予采集。

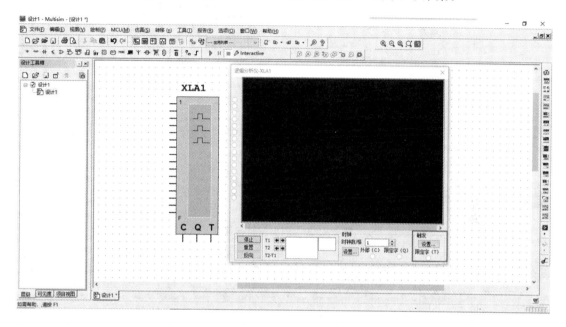

图 2.4.19　"触发设置"对话框

"触发设置"对话框的操作选项如下：

（1）选择时钟信号触发边沿条件：选择"正"按钮，设置正脉冲触发；选择"负"按钮，设置负脉冲触发；选择"两者"按钮，既可以正脉冲作为触发条件，又可以负脉冲作为触发条件。

（2）触发模式：选择对触发的限制。如果设置的是"X"，限制就不起作用；如果设置的是"1"或"0"，则触发有限制。

（3）触发模式中的 3 个触发字：模式 A 、模式 B 和模式 C，可分别对 3 个触发字进行触发设定或逻辑组合设定。已完成的组合逻辑设定可从下拉菜单"触发组合"中选择。

2.4.5　逻辑转换仪

Multisim 14 软件中的逻辑转换仪没有真实仪器与其对应。逻辑转换仪是完成各种逻辑表达形式之间转换的装置，它能把数字电路转换成相应的真值表或布尔表达式，也能把真值表或布尔表达式转换成相应的数字电路。从仪器仪表栏中调出逻辑转换仪，如图 2.4.20 所示。其图标和操作面板如图 2.4.21 所示。

1. 从逻辑电路得到真值表

（1）将电路的输入端连接到逻辑转换仪的 8 个输入端口。

（2）将电路的输出端与逻辑转换仪的输出接线柱相连。

（3）单击" $\boxed{\Rightarrow \ \rightarrow \ \overline{101}}$ "按钮，完成电路图到真值表的转换。

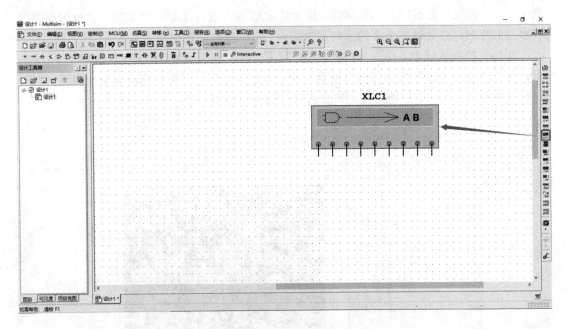

图 2.4.20　调出逻辑转换仪

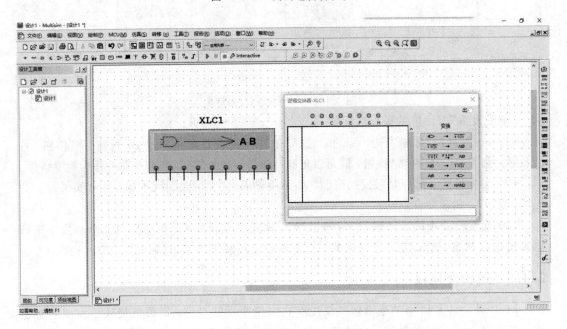

图 2.4.21　逻辑转换仪的图标和操作面板

2. 真值表的输入和转化

（1）建立真值表。位于逻辑转换仪操作面板上方的是逻辑变量的输入通道，其标号为 A、B、C、D、E、F、G、H。若用 3 个变量，则单击标号 A、B、C 上方的小圆点。真值表中出现了 3 个输入逻辑变量的完全逻辑组合。此时，输出框默认值为"?"。根据逻辑输出要求，在输出框的相应位置输入"1"、"0"或"X"（"X"表示"1"或"0"都可以接受）。

（2）将真值表转化为布尔表达式：单击"　　　　　　　　"按钮，布尔表达式会出

现在逻辑转换仪的底部。要将真值表转化到简化的布尔表达式,则单击
"　$\overline{101}$ SIMP AIB |"按钮即可。

3. 布尔表达式的输入和转化

布尔表达式直接以"与""或"的形式输入到逻辑转换仪底部的方框内。若要将布尔表达式转换到真值表,则单击"　AIB　→　$\overline{101}$　"按钮即可。而要将布尔表达式转换成电路图,单击"　AIB　→　▷　"按钮即可。满足布尔表达式的逻辑电路以"与"门的形式出现在 Multisim 14 的窗口中,也可用与非门表示,单击"　AIB　→　NAND　"按钮即可。

第3章 数字电子技术实验及 Multisim 14 仿真

【教学提示】本章主要在阐述数字电子技术实验原理基础上，给出了利用 Multisim 14 软件进行实验仿真的方法、步骤和结果，实验类型涉及基础性、设计性和综合性实验。实验内容包括实验的仿真测量和实验的仪器测量。

【教学要求】理解实验原理，掌握实验方法，会正确安装电路、正确使用仪器仪表，会进行实验现象分析，具有电路故障分析与检查能力。

【教学方法】要求学生进行预习，可先进行实验仿真，再进行仪器实验。课内与课外相结合，实验仿真可以在课外在教师指导下进行，仪器实验可以在实验室由教师指导进行。

3.1 TTL 及 CMOS 集成逻辑门

【预习内容】

(1) 复习常用的门电路的基本逻辑关系。

(2) 熟练掌握常用逻辑门的各引脚功能。

(3) 画出各实验内容的测试电路与数据记录表格。

(4) 利用 Multisim 14 软件进行集成逻辑门仿真测试。

3.1.1 实验目的

(1) 掌握 TTL 及 CMOS 集成与非门的逻辑功能和主要参数测试方法。

(2) 熟悉用 Multisim 14 软件和仪器进行集成逻辑门测试的方法。

3.1.2 实验器材

序号	器材名称	型号与规格	数量	备注
1	计算机与 Multisim 14 软件		1	
2	多功能电子技术实验平台		1	
3	集成电路芯片	CD4011、74LS20	若干	

集成电路芯片 CD4011 和 74LS20 的引脚分布图如图 3.1.1 所示。

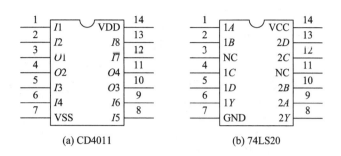

图 3.1.1 集成电路芯片 CD4011 和 74LS20 的引脚分布图

3.1.3 实验原理

本实验采用 TTL 集成电路 2-4 输入与非门 74LS20 和 CMOS 集成电路 4-2 输入与非门 CD4011。74LS20 是在一块集成电路内含有两个互相独立的与非门,每个与非门有 4 个输入端,其逻辑符号及引脚排列图如图 3.1.2 所示。CD4011 是在一块集成电路内含有 4 个互相独立的与非门,每个与非门有两个输入端,其逻辑符号及引脚排列图如图 3.1.3 所示。

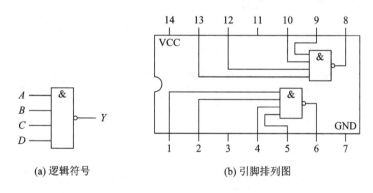

图 3.1.2 74LS20 的逻辑符号及引脚排列图

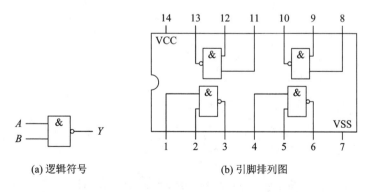

图 3.1.3 CD4011 的逻辑符号及引脚排列图

在多功能电子技术实验平台上选取两个 14P 插座,分别将 74LS20 和 CD4011 接好导线。实验参考连线电路如图 3.1.4 所示。

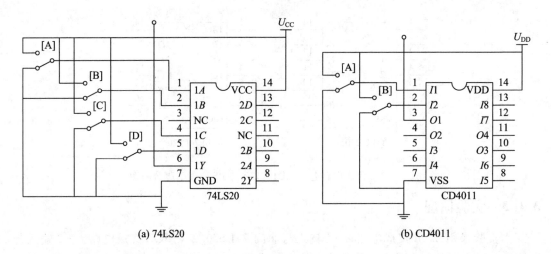

(a) 74LS20　　　　　　　　　　　(b) CD4011

图 3.1.4　实验参考连线电路

3.1.4　仿真测试

1. 74LS20 逻辑功能的仿真测试

在 Multisim 14 仿真平台上，调取逻辑开关、电源和地线、逻辑笔、芯片 74LS20 等元件，按图 3.1.4(a)搭建如图 3.1.5 所示的仿真电路。

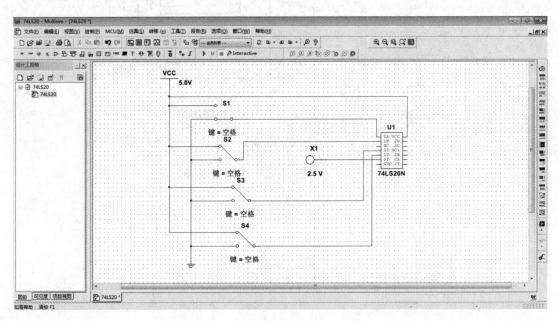

图 3.1.5　74LS20 逻辑功能的仿真测试电路

连接无误后，点击运行按钮"▶❙❙■"，拨动逻辑开关，灯亮为"1"，灯灭为"0"，依次拨动逻辑开关，逐个测试集成电路与非门的逻辑功能。仿真测试结果如表 3.1.1 中"输出的仿真测试结果"一栏所示。

表 3.1.1　74LS20 逻辑功能的仿真测试结果

输　　入				输出的仿真测试结果
A	B	C	D	Y
1	1	1	1	0
0	1	1	1	1
0	0	1	1	1
0	0	0	1	1
0	0	0	0	1

2. CD4011 逻辑功能的仿真测试

按"1. 74LS20 逻辑功能的仿真测试"中调取元件方法，在 Multisim 14 仿真平台上调取逻辑开关、电源和地线、逻辑笔、芯片 CD4011 等，按图 3.1.4(b)搭建如图 3.1.6 所示的仿真测试电路。

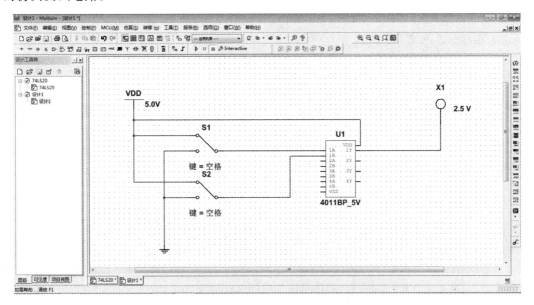

图 3.1.6　CD4011 逻辑功能的仿真测试电路

连接无误后，点击运行按钮"▶ ‖ ■"进行仿真，灯亮为"1"，灯灭为"0"，按表 3.1.2 的输入顺序，逐个测试集成电路与非门的逻辑功能。仿真测试结果如表 3.1.2 中"输出的仿真测试结果"一栏所示。

表 3.1.2　CD4011 逻辑功能的仿真测试结果

输　　入				输出的仿真测试结果
A	B	C	D	Y
1	1			0
0	1			1
1	0			1
0	0			1

3．用 74LS00 与非门实现或门功能

1）化简表达式

根据摩根定律，或门的逻辑函数 $Y=A+B$ 可以写成 $Y=\overline{\overline{A}\,\overline{B}}$，因此，可以用 3 个与非门实现或门，如图 3.1.7 所示。

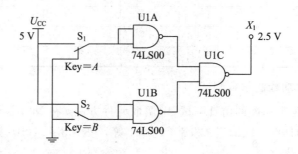

图 3.1.7　用 74LS00 与非门实现或门

2）搭建仿真电路

在 Multisim 14 仿真平台上，先调取逻辑开关、电源和地线、逻辑笔、芯片 74LS00 等，再按图 3.1.7 搭建如图 3.1.8 所示的仿真测试电路。

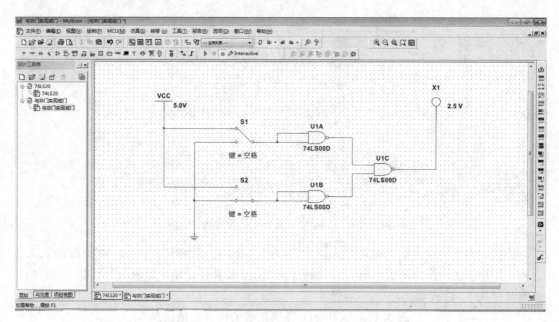

图 3.1.8　用与非门实现或门的仿真测试电路

连接无误后，点击运行按钮"▶Ⅱ■"，观察指示灯的发光情况，并将其转换为逻辑状态，灯亮为"1"，灯灭为"0"。仿真测试结果如表 3.1.3 中"输出的仿真测试结果"一栏所示。

表 3.1.3　用与非门实现或门电路的仿真测试结果

输入端		输出的仿真测试结果	
逻辑状态		指示灯状况	逻辑状态
A	B		
0	0	灯灭	0
0	1	灯亮	1
1	0	灯亮	1
1	1	灯亮	1

3.1.5　仪器实验

1. 74LS20 和 CD4011 逻辑功能的实验测试

（1）74LS20 的 4 个输入端接逻辑开关输出插口，以提供"0"与"1"电平信号，开关向上，输出逻辑"1"；开关向下，输出逻辑"0"，门的输出端接至实验箱逻辑笔的输入口，拨动逻辑开关，按表 3.1.4 的输入逐个测试集成电路与非门的逻辑功能，并记入表 3.1.4 中"输出的实验测试结果"一栏。

（2）CD4011 的两个输入端接两个逻辑开关输出插口，按上述测试方法测量，将实验测量结果记录在表 3.1.5 中"输出的实验测试结果"一栏。

表 3.1.4　74LS20 逻辑功能的实验测试结果

输　　　入				输出的实验测试结果
A	B	C	D	Y
1	1	1	1	
0	1	1	1	
0	0	1	1	
0	0	0	1	
0	0	0	0	

表 3.1.5　CD4011 逻辑功能的实验测试结果

输　　　入				输出的实验测试结果
A	B	C	D	
1	1			
0	1			
1	0			
0	0			

2. 用 74LS00 与非门实现或门逻辑功能的实验测试结果

按图 3.1.7 所示，将实验测试结果记入表 3.1.6 中"输出的实验测试结果"一栏。

表 3.1.6 用 74LS00 与非门实现或门逻辑功能的实验测试结果

输入端		输出的实验测试结果	
逻辑状态		指示灯状况	逻辑状态
A	B		
0	0		
0	1		
1	0		
1	1		

3.1.6　实验报告要求

(1) 写明实验目的。

(2) 写出实验仪器名称和型号。

(3) 写出实验步骤和过程。

(4) 画出实验电路，并标明电源值，整理实验原始记录数据。

(5) 总结实验过程中遇到的问题和解决的方法。

3.2　三 态 输 出 门

【预习内容】

(1) 熟练掌握常用逻辑门及三态输出门的逻辑功能。

(2) 利用三态输出门构成分时传输数据电路的工作原理。

(3) 利用 Multisim 14 软件进行三态输出门仿真测试。

3.2.1　实验目的

(1) 学会使用中规模集成电路三态输出门并验证其逻辑功能。

(2) 掌握三态输出门的应用。

(3) 熟悉用 Multisim 14 软件和仪器进行三态输出门测试的方法。

3.2.2　实验器材

序号	器材名称	型号与规格	数量	备注
1	计算机与 Multisim 14 软件			
2	多功能电子技术实验平台			
3	集成电路芯片	74LS125		

集成电路芯片 74LS125 的引脚分布图如图 3.2.1 所示。

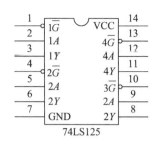

图 3.2.1　集成电路芯片 74LS125 的引脚分布图

3.2.3　实验原理

三态输出门(Three-State Output)简称 TS 门或三态门,是一种特殊的门电路,它的输出端有高、低电平两种状态(这两种状态均为低阻状态)及第三种输出状态——高阻状态。当其处于高阻状态时,电路与负载之间相当于开路,还有一个控制端(禁止端或使能端)。对于普通的 TTL 门电路,输出阻抗很低。因此,通常不允许将它的输出端并接在一起使用;而三态输出门是特殊的 TTL 门电路,允许把输出端直接并接在一起使用,但前提是输出端并接在一起的各个三态门的控制端不允许同时使能,否则将损坏三态门。三态门按逻辑功能及控制方式来分有各种不同类型,本实验所采用的 74LS125 是三态输出四总线缓冲器。由图 3.2.1 可知:它有 4 个三态缓冲器,则有 4 个控制端 $1\overline{G}$、$2\overline{G}$、$3\overline{G}$、$4\overline{G}$ 均为低电平有效,当某一个控制端为低电平时(使能),该门实现 $Y = A$ 的逻辑功能;当控制端为高电平时,为禁止状态,输出 Y 为高阻状态。

三态门主要用途之一是分时实现总线传输,即用一个传输通道(总线),以选通方式传送多路信息。电路中将若干个三态门输出端直接接在一总线上。使用时,要求某一时刻只允许有一个三态输出门控制端处于使能态——低电平,可传输信息,而其余各门的控制端均处于禁止态——高电平。由于三态门输出电路结构与普通 TTL 电路相同,因此,若同时有两个或两个以上的三态门的控制端处于使能态,将出现与普通 TTL 门"线与"运用时同样的问题,损坏器件,因而绝对不允许。

利用三态门构成数据总线分时传输信息时,将 74LS125 中的 4 个三态门按图 3.2.2 连接,各输入端分别加入一路信号,各控制端分别接"逻辑开关 S_1、S_2、S_3、S_4",各输出端连接在一起后再接至"逻辑笔"插口,先使 4 个三态门的控制端 $\overline{G}$ 均为高电平"1",即输出处于禁止状态,方可接通电源,此时"逻辑笔"黄色指示灯亮,表明"总线"为高阻状态。然后,轮流使其中一个门的控制端接低电平"0",观察逻辑笔指示灯的显示状

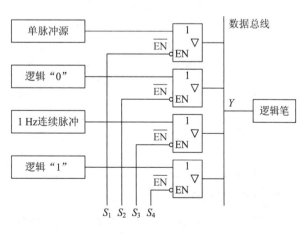

图 3.2.2　三态门实现总线传输数据

态(即总线上的状态)。

操作时应注意：应先使 3 个三态门处于禁止状态，再让另一个门开始传送数据，即将三态门输入的 4 路信号分别分时送到总线上(逻辑笔插口)。

3.2.4 仿真测试

1. 74LS125 三态门逻辑功能的仿真测试

将三态门的输入端、控制端分别接逻辑开关，输出端接逻辑笔的输入插口。在 Multisim 14 仿真平台上调取逻辑开关、电源和地线、逻辑笔、芯片 74LS125 等元件。按功能要求连接元件，得到如图 3.2.3 所示的仿真电路。

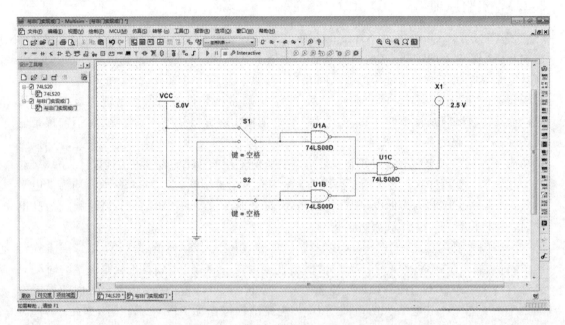

图 3.2.3 74LS125 逻辑功能的仿真测试电路

连接无误后，点击运行按钮"▶ ⏸ ■"，逐个测试集成电路中的 4 个门的逻辑功能。仿真测试结果如表 3.2.1 中"输出的仿真测试结果"一栏所示。在表 3.2.1 中，$\bar{G}$、A、$Y_1 \sim Y_4$ 分别为 4 个 TS 门的控制端、输入端和输出端。

表 3.2.1 74LS125 三态门逻辑功能的仿真测试结果

输	入	输出的仿真测试结果			
$\bar{G}$	A	Y_1	Y_2	Y_3	Y_4
0	0/1	0/1	0/1	0/1	0/1
1	0/1	0/0	0/0	0/0	0/0

2. 三态门的应用

在 Multisim 14 仿真平台上调取所需的逻辑开关、电源和地线、时钟信号、复位开关、逻辑笔、1 Hz 连续脉冲、芯片 74LS125 等元件。按原理图和实验要求连接，得到如图

3.2.4 所示的三态门的仿真测试电路。

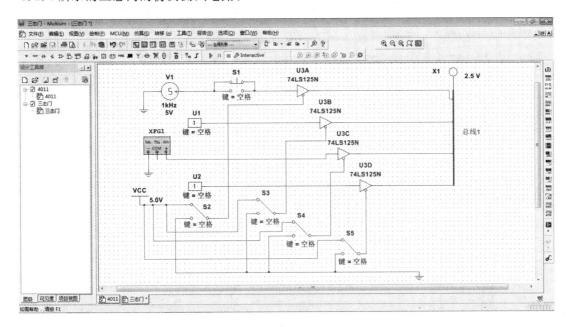

图 3.2.4　三态门的仿真测试电路

连接无误后，点击仿真按钮"▶ ⏸ ■"，观察指示灯的发光情况，并将其转换为逻辑状态，灯亮为"1"，灯灭为"0"。仿真测试结果如表 3.2.2 中"输出的仿真测试结果"一栏所示。

表 3.2.2　三态门的仿真测试结果

输　　　入				输出的仿真测试结果
S_1	S_2	S_3	S_4	Y
1	1	1	1	0
0	1	1	1	1
1	0	1	1	1
1	1	0	1	1
1	1	1	0	1

3.2.5　仪器实验

1. 74LS125 逻辑功能的实验测试

将三态门的输入端、控制端分别接逻辑开关，输出端接逻辑笔的输入插口。逐个测试集成电路中的 4 个门的逻辑功能，记入表 3.2.3 中"输出的实验测试结果"一栏。

表 3. 2. 3　74LS125 三态门逻辑功能的实验测试

输 入		输出的实验测试结果			
$\bar{G}$	A	Y_1	Y_2	Y_3	Y_4
0	0/1				
1	0/1				

2. 三态门的应用

按图 3.2.2 连接，应先使 3 个三态门处于禁止状态，再让另一个门开始传送数据，即将三态门输入的 4 路信号分别分时送到总线上（逻辑笔插口）。将实验测试结果记入表 3.2.4（表中 $S_1 \sim S_4$ 为各三态门控制端）中。

表 3. 2. 4　三态门应用的实验测试结果

输 入				输出的实验测试结果
S_1	S_2	S_3	S_4	Y
1	1	1	1	
0	1	1	1	
1	0	1	1	
1	1	0	1	
1	1	1	0	

3.2.6　实验报告要求

（1）写明实验目的。

（2）写出实验仪器名称和型号。

（3）写出实验步骤和过程。

（4）画出实验电路，并标明电源值，整理实验原始记录数据。

（5）总结实验过程中遇到的问题和解决的方法。

3.2.7　实验拓展：开关控制电路设计实验

通过 Multisim 14 仿真与仪器实验，体会动手实践对电路设计的重要性，进一步掌握三态门的性能及应用。

1. 设计题目

利用 74LS125 三态门设计一个开关控制两路信号传输的电路。可附加少量的门电路，两个三态门的输出端接在一个指示灯上。其中包含两路输入信号：一路是频率为 1 Hz 的矩形波；另一路为单脉冲源信号。

2. 设计内容和要求

（1）写出设计报告，包括设计原理、设计电路及选择电路元件参数。

（2）先在 Multisim 14 仿真平台上搭建仿真电路，再用仪器组装电路，并进行电路调试。检验电路是否满足设计要求并演示。若不满足，则重新调试，使其满足设计题目要求。

（3）写出实验总结报告，并画出调试成功的设计电路。

3.3　集电极开路门

【预习内容】

（1）复习 TTL 集电极开路门（OC 门）工作原理。

（2）预习 TTL 电路与 CMOS 电路的接口。

（3）利用 Multisim 14 软件进行集电极开路门仿真测试。

3.3.1　实验目的

（1）掌握 TTL 集电极开路门（全称为集电极开路与非门）的逻辑功能及应用。

（2）了解集电极负载电阻 R_L 对集电极开路门的影响。

（3）了解 TTL 电路与 CMOS 电路的接口方法。

（4）熟悉用 Multisim 14 软件和仪器进行集电极开路门测试的方法。

3.3.2　实验器材

序号	器材名称	型号与规格	数量	备注
1	计算机与 Multisim 14 软件		1	
2	多功能电子技术实验平台		1	
3	直流数字电压表		1	
4	示波器		1	
5	4 位半万用表		1	
6	集成电路芯片	74LS04（TTL 非门）； CD4011（4 - 2 输入与非门）； 74LS20（2 - 4 输入与非门）； 74LS03（OC 门 4 - 2 输入与非门）	若干	

各集成电路芯片的引脚分布图如图 3.3.1 所示。

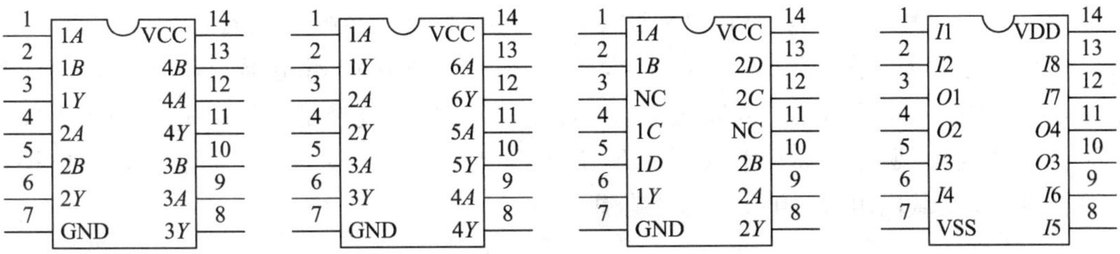

(a) 74LS03　　　(b) 74LS04　　　(c) 74LS20　　　(d) CD4011

图 3.3.1　各集成电路芯片的引脚分布图

3.3.3　实验原理

本实验所用 OC 与非门（集电极开路门）型号为 74LS03（OC 门 4-2 输入与非门）。OC 与非门的输出管 VT_3 的集电极悬空，工作时输出端必须通过一只外接电阻 R_L 和电源 U_{CC} 相连接，以保证输出电平符合电路要求。OC 与非门的内部电路图如图 3.3.2 所示。

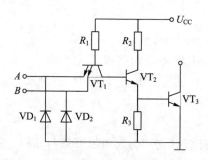

图 3.3.2　OC 与非门的内部电路图

1. OC 门的应用

OC 门的应用主要有以下两个方面：

（1）利用电路的"线与"特性，完成某些特定的逻辑功能。将两个 OC 与非门输出端直接并联在一起，如图 3.3.3(a)所示，它的输出为

$$Y = F_A \cdot F_B = \overline{A_1 A_2} \cdot \overline{B_1 B_2} = \overline{A_1 A_2 + B_1 B_2}$$

即把两个或两个以上 OC 与非门"线与"后，可完成"与"或"非"的逻辑功能。

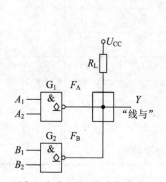

(a) 两个OC与非门输出端直接并联在一起

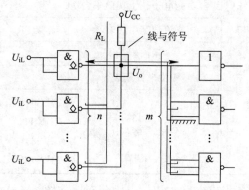

(b) n 个OC与非门"线与"驱动有 m 个输入端的 N 个TTL与非门

图 3.3.3　OC 与非门"线与"电路与 OC 与非门负载电阻 R_L 的确定

（2）实现逻辑电平转换，推动 LED 数码管（简称数码管）、继电器、MOS 器件等多种数字集成电路。当 OC 门输出并联运用时，负载电阻 R_L 的选择是：图 3.3.3(b)中由 n 个 OC 与非门"线与"驱动有 m 个输入端的 N 个 TTL 与非门，为保证 OC 与非门输出电平符合逻辑要求，负载电阻 R_L 阻值的选择范围为

$$R_{Lmax} = \frac{U'_{CC} - U_{oH}}{nI_{oH} - mI_{iH}}$$

$$R_{Lmin} = \frac{U'_{CC} - U_{oL}}{I_{LM} - mI_{iL}}$$

式中，I_{oH} 为 OC 门输出管截止时（输出高电平）的漏电流（约 50 μA）；I_{LM} 为 OC 门输出低电平时允许的最大灌入负载电流（约 20 mA）；I_{iH} 为负载门高电平输入电流（小于 50 μA）；I_{iL} 为负载门低电平输入电流（小于 1.6 mA）；U'_{CC} 为 R_L 外接电源电压；n 为 OC 门个数；N 为负载门个数；m 为接入电路的负载门输入端总个数。

R_L 的值应小于 R_{Lmax}，否则 U_{oH} 将下降，同时 R_L 的值应大于 R_{Lmin}，否则 U_{oH} 将上升。R_L 的大小会影响输出波形的边沿时间，在工作速度较高时，R_L 应尽量选取接近 R_{Lmin}。

除了 OC 与非门外，还有其他类型的 OC 器件，R_L 的选取方法与此类同。

2. 74LS03 负载电阻的确定

利用两个集电极开路门"线与"去驱动一个 TTL 非门 74LS04，如图 3.3.4 所示。

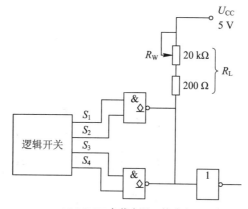

(a) 74LS03 负载电阻 R_L 的确定

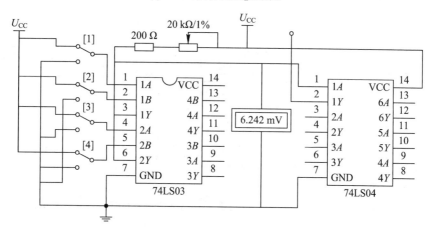

(b) 74LS03 负载电阻确定的参考电路

图 3.3.4　OC 门逻辑功能的仿真测试电路

3. 集电极开路门的应用——电平转换

以 OC 门作为 TTL 电路驱动 CMOS 电路的接口电路，实现电平转换，如图 3.3.5 所示。其参考电路如图 3.3.6 所示。当 TTL 电路驱动 CMOS 电路时，由于 CMOS 电路的输入阻抗高，故此驱动电流一般不会受到限制，但在电平配合问题上，低电平是可以的，高电平时有困难，因为 TTL 电路在满载时，输出高电平通常低于 CMOS 电路对输入高电平的要求。因此，为保证 TTL 电路在输出高电平时后级的 CMOS 电路能可靠工作，通常必须设法将 TTL 电路输出的高电平提升到 3.5 V 以上。这里采用 TTL 电路的 OC 门驱动门，OC 门输出端三极管的耐压较高，可达 30 V 以上。

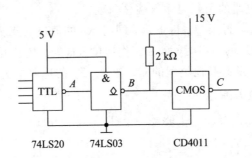

图 3.3.5　以 OC 门作为 TTL 电路驱动 CMOS 电路的接口电路

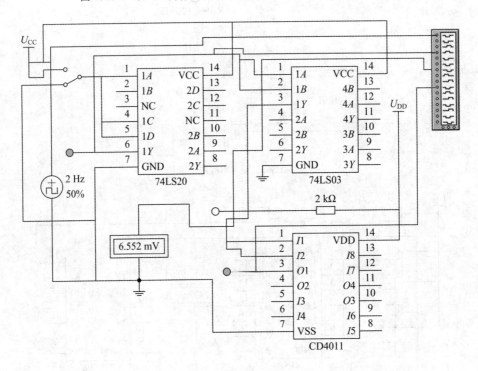

图 3.3.6　以 OC 门作为 TTL 电路驱动 CMOS 电路的接口电路的参考电路

3.3.4　仿真测试

1. 集电极开路门 74LS03 逻辑功能的仿真测试

在 Multisim 14 仿真平台上，调取所需的逻辑开关、电阻、电位器、逻辑笔、芯片 74LS03 和 74LS04、电源和地线等元件，按图 3.3.4(b) 搭建如图 3.3.7 所示的仿真测试电路。

连接无误后，点击运行按钮"▶ ⏸ ⏹"，观察指示灯的发光情况，并将其转换为逻辑状态，灯亮为"1"，灯灭为"0"。仿真测试结果如表 3.3.1 中"输出的仿真测试结果"一栏所示。

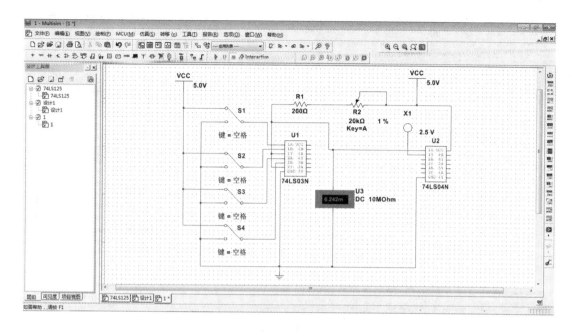

图 3.3.7　仿真测试电路

表 3.3.1　逻辑功能的仿真测试结果

逻辑开关				输出的仿真测试结果
S_1	S_2	S_3	S_4	Y
0	0	1	1	1
1	1	0	0	1
0	0	0	0	0
1	1	1	1	1

2. 集电极开路门的应用——电平转换的仿真测试

在 Multisim 14 仿真平台上调取所需的芯片 74LS03、74LS20、74LS04、CD4011，逻辑开关，电源和地线，电阻，逻辑笔，电压表及逻辑分析仪等，按图 3.3.6 搭建如图 3.3.8 所示的仿真电路（注：因元件型号不同，测出来的电压值与图 3.3.6 的电路参考图的电压值不同）。

连接无误后，点击运行按钮" ▶ ‖ ■ "，观察指示灯的发光情况，并将其转换为逻辑状态，灯亮为"1"，灯灭为"0"，记录电压表的示数。

（1）在电路输入端加不同的逻辑电平值，用虚拟电压表测量集电极开路门 74LS03 的输出 B 点电平值及 CMOS 与非门 CD4011 的输出 C 点电平值，如图 3.3.8 所示。仿真测试结果记入表 3.3.2 中"输出的仿真测试结果"一栏。

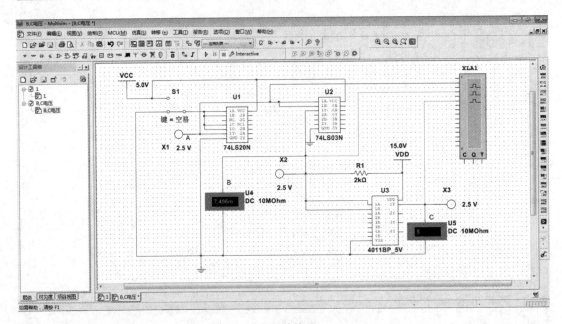

（a）开关接地

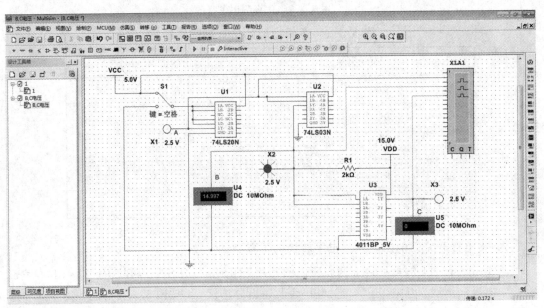

（b）开关接 VCC 端

图 3.3.8　电平转换的仿真电路

表 3.3.2　电平转换的仿真测试结果

输　　入	输出的仿真测试结果	
	B 点电平	C 点电平
U_{iL}	7.496 mV	0 V
U_{iH}	14.997 mV	5 V

（2）在电路输入端加 1 kHz 方波信号（信号幅值大于 5 V），用虚拟示波器观察 A、B、C 各点电压波形幅值的变化。

A 点电压波形如图 3.3.9 所示。图 3.3.9(a) 为 A 点接示波器，图 3.3.9(b) 为 A 点电压波形图。与开关接地时，输出高电平；当开关接 VCC 端时，输出低电平。

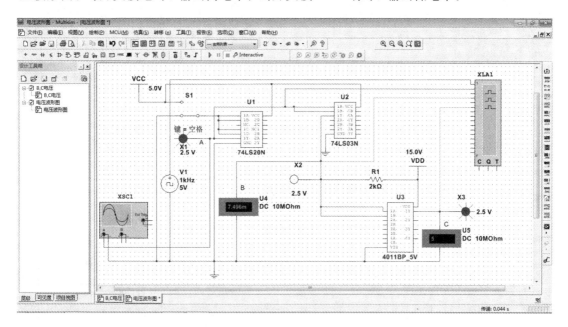

（a）A 点接示波器

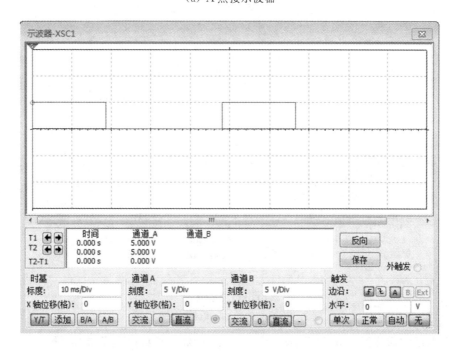

（b）A 点电压波形

图 3.3.9　A 点电压测试

B 点电压波形如图 3.3.10 所示。图 3.3.10(a)为 B 点接虚拟示波器,图 3.3.10(b)为 B 点电压波形图。当开关接地时,输出低电平;当开关接 VCC 端时,输出高电平。

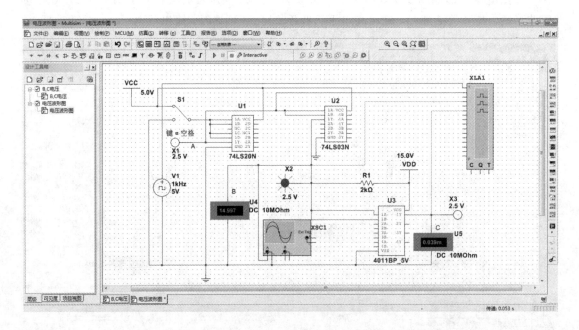

(a) B 点接示波器

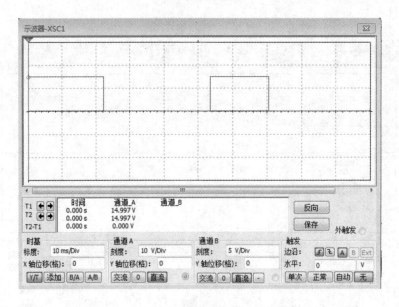

(b) B 点电压波形

图 3.3.10 B 点电压测试

C 点电压波形如图 3.3.11 所示。图 3.3.11(a)为 C 点接虚拟示波器,图 3.3.11(b)为 C 点电压波形图。当开关接地时,输出高电平;当开关接 VCC 端时,输出低电平。

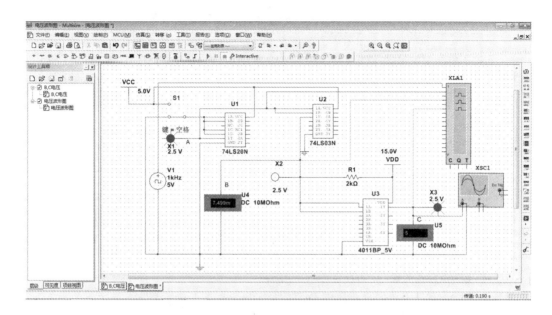

（a）C 点接示波器

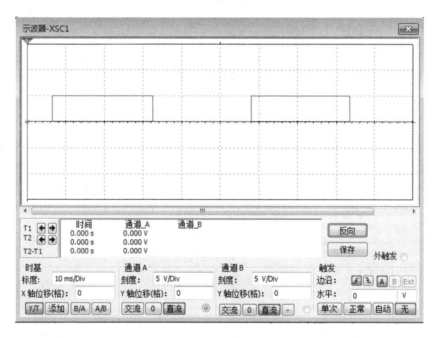

（b）C 点电压波形

图 3.3.11　C 点电压测试

3.3.5　仪器实验

1. 集电极开路门 74LS03 逻辑功能的实验测试

（1）按图 3.3.4(a)组装电路，按表 3.3.4 逻辑开关输入调试电路，验证 OC 门逻辑功能，实验结果记入表 3.3.3 中。

表 3.3.3　74LS03 逻辑功能的实验测试结果

逻辑开关				输出的实验测试结果
S_1	S_2	S_3	S_4	Y
0	0	1	1	
1	1	0	0	
0	0	0	0	
1	1	1	1	

(2) 按图 3.3.4(a)所示,负载电阻 R_L 由一个 200 Ω 电阻和一个 200 kΩ 电位器串接而成,取 $U_{CC}=5$ V,$U_{oH}=3.5$ V,$U_{oL}=0.3$ V。接通电源,用逻辑开关改变两个 OC 门的输入状态(逻辑开关分别为 S_1、S_2、S_3、S_4),先使 OC 门"线与"输出高电平,调节 R_W,致使 $U_{oH}=3.5$ V,测得此时的 R_L 即为 R_{Lmax}。再使电路输出低电平 $U_{oL}=0.3$ V,测得此时的 R_L 即为 R_{Lmin}。将实验测试 R_L 的值记入表 3.3.4 中。

表 3.3.4　调节 R_W 确定 R_L 测试记录表

输出电压	$U_{oH}=3.5$ V	$U_{oL}=0.3$ V
电阻值	$R_{Wmax}=$	$R_{Wmin}=$
	$R_{Lmax}=$	$R_{Lmin}=$

2. 集电极开路门的应用——电平转换的实验测试

按图 3.3.5 组装电路,并调试电路。实验测试分以下两个步骤:

(1) 在电路输入端加不同的逻辑电平值,用万用表测量集电极开路门 74LS03 的输出 B 点电平值及 CMOS 与非门 CD4011 的输出 C 点电平值,将实验测试结果记入表 3.3.5 中。

(2) 在电路输入端加 1 kHz 方波信号(信号幅值大于 5 V),用示波器观察 A、B、C 各点电压波形幅值的变化,将实验测试结果记入表 3.3.5 中。

表 3.3.5　图 3.3.5 的实验测试结果

输入	输出的实验测试结果	
	B 点电平	C 点电平
U_{iL}		
U_{iH}		

3.3.6　实验报告要求

(1) 写明实验目的。

(2) 写出实验仪器名称和型号。

(3) 写出实验步骤和过程。

(4) 画出实验电路,并标明有关外接元件的值。

(5) 整理、分析实验结果,总结集电极开路门的优缺点。

（6）在使用总线传输时，能不能同时接有 OC 门和三态门？为什么？

3.4　译　码　器

【预习内容】

（1）复习有关译码器和分配器的原理。

（2）根据实验任务，画出所需的实验线路及写出逻辑函数表达式。

（3）利用 Multisim 14 软件进行译码器性能仿真测试。

3.4.1　实验目的

（1）掌握译码器的逻辑功能。

（2）学习译码器的应用。

（3）熟悉用 Multisim 14 软件和仪器进行译码器及其应用测试的方法。

3.4.2　实验器材

序号	器材名称	型号与规格	数量	备注
1	计算机与 Multisim 14 软件		1	
2	多功能电子技术实验平台		1	
3	集成电路芯片	74LS138	1	

集成电路芯片 74LS138 的引脚分布图如图 3.4.1 所示。

4.1　集成电路芯片 74LS138 的引脚分布图

3.4.3　实验原理

1. 译码器

译码器是一个多输入、多输出的组合逻辑电路，其作用是把给定的代码进行"翻译"，变成相应的状态，使输出通道中相应的一路有信号输出。译码器不仅可用于代码的转换、终端的数字显示，还可用于数据分配、存储器寻址和组合控制信号等，不同的功能可选用不同种类的译码器。

2. 变量译码器（二进制译码器）

变量译码器用以表示输入变量的状态，如 2-4 线、3-8 线和 4-16 线译码器。若有 n

个输入变量,则有 2^n 个不同的组合状态,也就有 2^n 个输出端。而每一个输出所代表的函数对应于 n 个输入变量的最小项。现以 3-8 线译码器 74LS138(即 74LS138 译码器)为例进行分析,图 3.4.2 为其内部逻辑图。

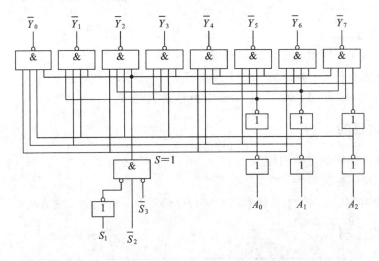

图 3.4.2 3-8 线译码器 74LS138 的内部逻辑图

在图 3.4.2 中,A_0、A_1、A_2 为地址输入端,$\overline{Y}_0 \sim \overline{Y}_7$ 为译码器输出端,S_1、$\overline{S}_2$、$\overline{S}_3$ 为使能端、控制端或"片选"输入端,可将多片译码器 74LS138 连接起来以扩展译码器的功能。

当 $S_1 = 1$,$\overline{S}_2 + \overline{S}_3 = 0$ 时,译码器使能,$A_0 A_1 A_2$ 取值的组合将决定 $\overline{Y}_0 \sim \overline{Y}_7$ 中某一个输出端有信号输出(低电平有效,为"0")。其他所有输出端均无信号输出(输出全为高电平,为"1")。

当 $S_1 = 0$,$\overline{S}_2 + \overline{S}_3 = \times$,或 $S_1 = \times$,$\overline{S}_2 + \overline{S}_3 = 1$ 时,译码器被禁止,所有输出端同时为高电平"1"。

3-8 线译码器 74LS138 的真值表如表 3.4.1 所示。

表 3.4.1 3-8 线译码器 74LS138 的真值表

输　　　入					输　　　出							
S_1	$\overline{S}_2 + \overline{S}_3$	A_2	A_1	A_0	$\overline{Y}_0$	$\overline{Y}_1$	$\overline{Y}_2$	$\overline{Y}_3$	$\overline{Y}_4$	$\overline{Y}_5$	$\overline{Y}_6$	$\overline{Y}_7$
$\times$	1	$\times$	$\times$	$\times$	1	1	1	1	1	1	1	1
0	$\times$	$\times$	$\times$	$\times$	1	1	1	1	1	1	1	1
1	0	0	0	0	0	1	1	1	1	1	1	1
1	0	0	0	1	1	0	1	1	1	1	1	1
1	0	0	1	0	1	1	0	1	1	1	1	1
1	0	0	1	1	1	1	1	0	1	1	1	1
1	0	1	0	0	1	1	1	1	0	1	1	1
1	0	1	0	1	1	1	1	1	1	0	1	1
1	0	1	1	0	1	1	1	1	1	1	0	1
1	0	1	1	1	1	1	1	1	1	1	1	0

74LS138 译码器逻辑功能测试电路如图 3.4.3 所示。

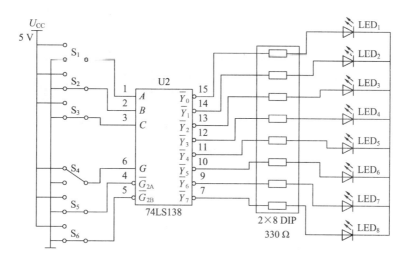

图 3.4.3　74LS138 译码器逻辑功能测试电路(LED 使用国家标准符号表示)

3. 译码器的应用

由于 3-8 线译码器 74LS138 的输出包括了 3 个变量数字信号的全部 8 种组合，每一个输出端表示一个最小项，因此可利用 8 条输出线组合构成三变量的任意组合电路，实现逻辑函数，还可以利用译码器构成数据分配器或时钟分配器等。

数据分配器也称为多路分配器，它可按地址的要求将一路输入数据分配到多输出通道中某一个特定输出通道，其作用相当于多个输出的单刀多掷开关。将带使能端的 3-8 线译码器 74LS138 改为 8 路数据分配器，如图 3.4.4 所示。

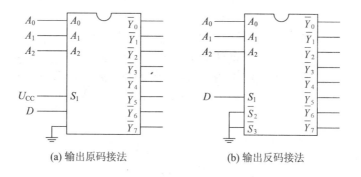

(a) 输出原码接法　　　　　　　(b) 输出反码接法

图 3.4.4　8 路数据分配器

译码器控制端作为分配器的数据输入端，译码器地址输入端作为分配器的地址码输入端，译码器输出端作为分配器的输出端。这样分配器就会根据所输入的地址码将输入数据分配到地址码所指定的输出通道。

4. 译码显示器

1) 显示原理

(1) 七段发光二极管(LED)数码管。LED 数码管是目前常用的数字显示器。图 3.4.5 (a)、(b)分别为共阴极和共阳极连接方式，图 3.4.5(c)为共阴极和共阳极 LED 数码管的引脚功能图。

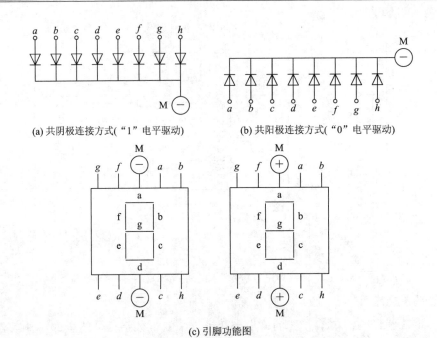

(a) 共阴极连接方式("1"电平驱动)　　　　(b) 共阳极连接方式("0"电平驱动)

(c) 引脚功能图

图 3.4.5　LED 数码管

一个 LED 数码管可以用来显示 1 位十进制数 0～9 和一个小数点。小型数码管(长度尺寸为 0.36 in 或 0.5 in)每段发光二极管的正向压降,随显示光(通常为红、绿、黄、橙色)的颜色不同略有差别,通常为 2 V～2.5 V,每个发光二极管的点亮电流为 5 mA～10 mA。LED 数码管要显示 BCD 码所表示的十进制数字就需要一个专门的译码器,该译码器不但要完成译码功能,还要有相当的驱动能力。

(2) BCD 码七段译码显示器。此类译码器型号有 74LS47(输出低电平)、74LS48(输出高电平)、CC4511(输出高电平)等,本实验采用 BCD 码七段译码显示器(74LS47)驱动共阳极 LED 数码管。图 3.4.6 为 74LS47 的引脚排列图。

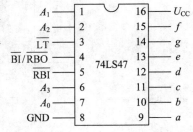

图 3.4.6　74LS47 的引脚排列图

对 74LS47 引脚排列说明如下:

A_0、A_1、A_2、A_3:BCD 码输入端。

a、b、c、d、e、f、g:译码器输出端,输出"0"有效,用来驱动共阳极 LED 数码管。

$\overline{LT}$:测试灯输入端。当 $\overline{LT}=0$ 时,译码器输出全为"0",数码管七段同时点亮,以检查数码管各段能否正常发光。在常态时,$\overline{LT}=1$,对电路无影响。

$\overline{BT}/\overline{RBO}$:灭灯输入端。当 $\overline{BT}=0$ 时,译码器输出全为"1"。当作为输出端使用时,其称为灭"0"输出端。在 $A_0=A_1=A_2=A_3=0$ 且 $\overline{RBI}=0$ 时,$\overline{RBO}$ 才会输出高电平,表示译码器将不希望显示的 0 熄灭了。

$\overline{RBI}$:熄零输入端。用来熄灭不希望显示的 0,如 0013.23000,显然前两个 0 和后三个 0 均无效,则可用 $\overline{RBI}$ 使之熄灭。输入其他数码,照常显示。

2) 测试电路

BCD 码七段译码显示器的功能测试电路如图 3.4.7 所示。

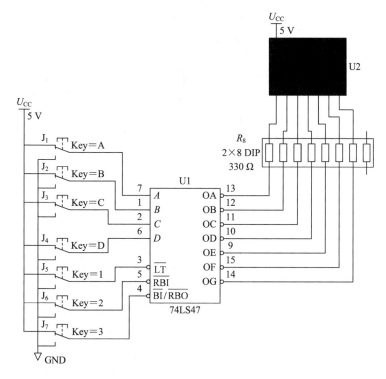

图 3.4.7　BCD 码七段译码显示器的功能测试电路

3.4.4　仿真测试

1. 74LS138 译码器逻辑功能的仿真测试

在 Multisim 14 仿真平台上调取所需的逻辑开关、电源和地线、排阻、发光二极管、芯片 74LS138 等元件，按图 3.4.3 搭建如图 3.4.8 所示的仿真测试电路。

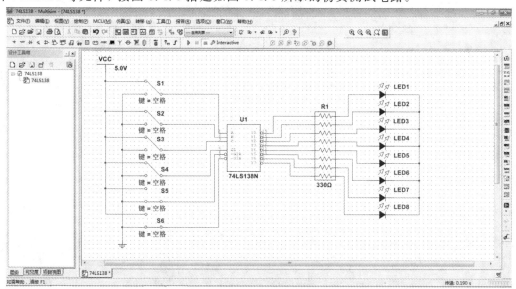

图 3.4.8　74LS138 译码器逻辑功能的仿真测试电路

连接无误后，点击运行按钮"▶ Ⅱ ■"，观察 LED 灯的发光情况，并将其转换为逻辑状态，灯亮为"1"，灯灭为"0"。仿真测试结果如表 3.4.2 中"输出的仿真测试结果"一栏所示。

表 3.4.2　74LS138 译码器逻辑功能的仿真测试结果

输　　入					输出的仿真测试结果							
S_1	$\overline{S}_2+\overline{S}_3$	A_2	A_1	A_0	$\overline{Y}_0$	$\overline{Y}_1$	$\overline{Y}_2$	$\overline{Y}_3$	$\overline{Y}_4$	$\overline{Y}_5$	$\overline{Y}_6$	$\overline{Y}_7$
0	×	×	×	×	1	1	1	1	1	1	1	1
×	1	×	×	×	1	1	1	1	1	1	1	1
1	0	0	0	0	0	1	1	1	1	1	1	1
1	0	0	0	1	1	0	1	1	1	1	1	1
1	0	0	1	0	1	1	0	1	1	1	1	1
1	0	0	1	1	1	1	1	0	1	1	1	1
1	0	1	0	0	1	1	1	1	0	1	1	1
1	0	1	0	1	1	1	1	1	1	0	1	1
1	0	1	1	0	1	1	1	1	1	1	0	1
1	0	1	1	1	1	1	1	1	1	1	1	0

2. BCD 码七段译码显示器逻辑功能的仿真测试

在 Multisim 14 仿真平台上调取 BCD 码七段译码显示器、逻辑开关、电源和地线、排阻、芯片 74LS47 等元件，按图 3.4.7 搭建如图 3.4.9 所示的仿真测试电路。

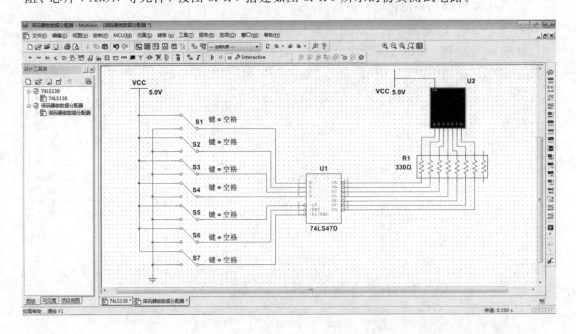

图 3.4.9　BCD 码七段译码器逻辑功能的仿真测试电路

连接无误后,点击运行按钮"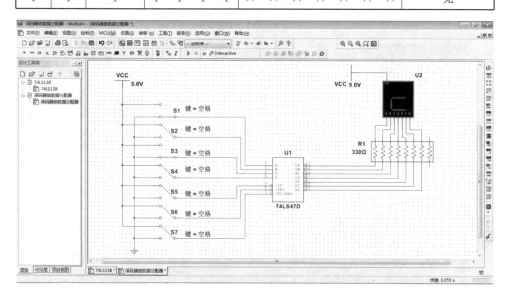",切换逻辑开关,观察 BCD 码七段译码显示器。它的真值表如表 3.4.3 所示。其仿真测试电路如图 3.4.10 所示。

表 3.4.3　BCD 码七段译码显示器的真值表

$\overline{\text{LT}}$	$\overline{\text{RBI}}$	$\overline{\text{BI}}/\overline{\text{RBO}}$	D	C	B	A	a	b	c	d	e	f	g	仿真显示结果
0	1	1	×	×	×	×	1	1	1	1	1	1	1	8
1	0	1	×	×	×	×	×	×	×	×	×	×	×	无
1	1	0	×	×	×	×	×	×	×	×	×	×	×	无
1	1	1	0	0	0	0	1	1	1	1	1	1	0	0
1	1	1	0	0	0	1	0	1	1	0	0	0	0	1
1	1	1	0	0	1	0	1	1	0	1	1	0	1	2
1	1	1	0	0	1	1	1	1	1	1	0	0	1	3
1	1	1	0	1	0	0	0	1	1	0	0	1	1	4
1	1	1	0	1	0	1	1	0	1	1	0	1	1	5
1	1	1	0	1	1	0	0	0	1	1	1	1	1	6
1	1	1	0	1	1	1	1	1	1	0	0	0	0	7
1	1	1	1	0	0	0	1	1	1	1	1	1	1	8
1	1	1	1	0	0	1	1	1	1	1	0	1	1	9
1	1	1	1	0	1	0	0	0	0	1	1	0	1	见图 3.4.10(a)
1	1	1	1	0	1	1	0	0	1	1	0	0	1	见图 3.4.10(b)
1	1	1	1	1	0	0	0	1	0	0	0	1	1	见图 3.4.10(c)
1	1	1	1	1	0	1	1	0	0	1	0	1	1	见图 3.4.10(d)
1	1	1	1	1	1	0	0	0	0	1	1	1	1	见图 3.4.10(e)
1	1	1	1	1	1	1	×	×	×	×	×	×	×	无

(a) $DCBA = 1010$

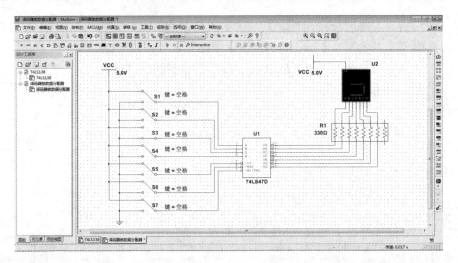

(b) $DCBA = 1011$

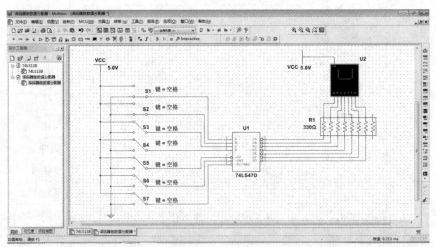

(c) $DCBA = 1100$

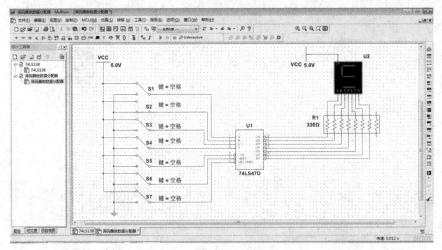

(d) $DCBA = 1101$

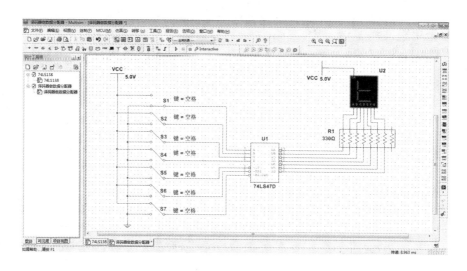

（e）$DCBA=1110$

图 3.4.10　BCD 码七段译码显示器的仿真测试电路

3.4.5　仪器实验

1. 74LS138 译码器逻辑功能的实验测试

按图 3.4.11 将译码器的使能端 S_1、$\overline{S}_2$、$\overline{S}_3$ 及地址端（输入变量）A_2、A_1、A_0 分别接到逻辑开关，8 个输出端 $\overline{Y}_0$，$\overline{Y}_1$，…，$\overline{Y}_7$ 依次连接在 0－1 指示器的 8 个插口上，拨动逻辑开关，按表 3.4.4 所示条件输入开关状态，逐项测试 74LS138 译码器的逻辑功能，观察译码器输出状态。LED 指示灯亮为"1"，灯灭为"0"。

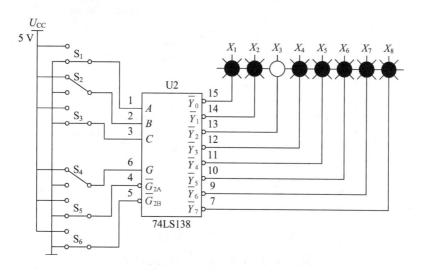

图 3.4.11　74LS138 译码器逻辑功能的仿真测试电路

注意：芯片 74LS138 中符号和其真值表中符号的对应关系为

$$A=A_0（低位），B=A_1，C=A_2（高位）；G_{2A}=\overline{S}_2；G_{2B}=\overline{S}_3，G_1=S_1$$

表 3.4.4　74LS138 译码器逻辑功能的实验测试结果

输　入					输出的实验测试结果							
S_1	$\overline{S_2}+\overline{S_3}$	A_2	A_1	A_0	$\overline{Y_0}$	$\overline{Y_1}$	$\overline{Y_2}$	$\overline{Y_3}$	$\overline{Y_4}$	$\overline{Y_5}$	$\overline{Y_6}$	$\overline{Y_7}$
0	×	×	×	×								
×	1	×	×	×								
1	0	0	0	0								
1	0	0	0	1								
1	0	0	1	0								
1	0	0	1	1								
1	0	1	0	0								
1	0	1	0	1								
1	0	1	1	0								
1	0	1	1	1								

2. BCD 码七段译码显示器逻辑功能的实验测试

按图 3.4.12 连接电路。实验测试结果分别记入表 3.4.5～表 3.4.8 中。

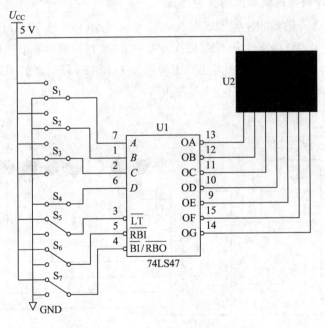

图 3.4.12　BCD 码七段译码显示器电路

表 3.4.5　$\overline{LT}$ 功能的实验测试结果

$\overline{LT}$	$\overline{RBI}$	$\overline{BI}/\overline{RBO}$	D	C	B	A	a	b	c	d	e	f	g	实验显示
0	悬空或 "1"	悬空或 "1"	×	×	×	×								

表 3.4.6　$\overline{\text{BI}/\text{RBO}}$功能的实验测试结果

$\overline{\text{LT}}$	$\overline{\text{RBI}}$	$\overline{\text{BI}/\text{RBO}}$	D	C	B	A	a	b	c	d	e	f	g	实验显示
悬空或"1"	悬空或"1"	0	×	×	×	×								

表 3.4.7　$\overline{\text{RBI}}$功能的实验测试结果

$\overline{\text{LT}}$	$\overline{\text{RBI}}$	$\overline{\text{BI}/\text{RBO}}$	D	C	B	A	a	b	c	d	e	f	g	实验显示
悬空或"1"	0	悬空或"1"	×	×	×	×								

表 3.4.8　BCD 码七段译码显示器的真值表

D	C	B	A	a	b	c	d	e	f	g	实验显示
0	0	0	0								
0	0	0	1								
0	0	1	0								
0	0	1	1								
0	1	0	0								
0	1	0	1								
0	1	1	0								
0	1	1	1								
1	0	0	0								
1	0	0	1								
1	0	1	0								
1	0	1	1								
1	1	0	0								
1	1	0	1								
1	1	1	0								
1	1	1	1								

3.4.6　实验报告要求

（1）写明实验目的。

（2）写出实验仪器名称和型号。

（3）写出实验步骤和过程。

（4）对实验结果进行分析和整理。

3.4.7 拓展实验：逻辑函数设计实验

通过 Multisim 14 仿真与仪器实验，体会动手实践对电路设计的重要性，进一步掌握三态门的性能及应用。

1. 设计题目

（1）利用译码器实现逻辑函数。用 74LS138 译码器和与非门实现下列函数（并画出逻辑图）：

$$Z=\overline{A}\,\overline{B}\,\overline{C}+\overline{A}BC+A\,\overline{B}\,\overline{C}+ABC$$

（2）利用使能端将两个 74LS138 译码器组合成一个 4－16 线译码器。

2. 设计内容与要求

（1）写出设计报告，包括设计原理、设计电路及选择电路元件参数。

（2）先用 Multisim 14 软件搭建仿真电路，再用仪器组装电路，并进行电路调试。检验电路是否满足设计要求并演示。若不满足，则重新调试，使其满足设计题目要求。

（3）写出实验报告，并画出调试成功的设计电路。

3.5 数据选择器

【预习要求】

（1）复习数据选择器的工作原理。

（2）用数据选择器对实验内容中各函数式进行预设计。

（3）利用 Multisim 14 软件进行数据选择器仿真测试。

3.5.1 实验目的

（1）掌握中规模集成数据选择器的逻辑功能及使用方法。

（2）学习用数据选择器构成组合逻辑电路的方法。

（3）熟悉用 Multisim 14 软件和仪器进行数据选择器及其应用测试方法。

3.5.2 实验器材

序号	器材名称	型号与规格	数量	备注
1	计算机与 Multisim 14 软件		1	
2	多功能电子技术实验平台		1	
2	8 选 1 数据选择器	74LS151	1	
3	双 4 选 1 数据选择器	74LS153	1	

各集成电路芯片的引脚分布图如图 3.5.1 所示。

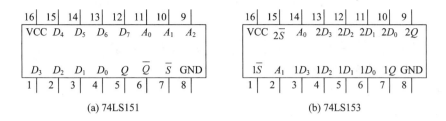

(a) 74LS151　　　　　　　　(b) 74LS153

图 3.5.1　各集成电路芯片的引脚分布图

3.5.3　实验原理

数据选择器又称为多路开关。数据选择器在地址码(或称为选择控制)电位的控制下，从几个数据输入中选择一个并将其送到一个公共的输出端。数据选择器的功能类似一个多掷开关，如图 3.5.2 所示。图中有 4 路数据 $D_0 \sim D_3$，通过选择控制信号 A_1、A_0(地址码)从 4 路数据中选中某一路数据送至输出端 Q。数据选择器的用途很多，如多通道传输、数码比较、并行码变串行码及实现逻辑函数等。数据选择器为目前逻辑设计中应用十分广泛的逻辑部件，它有 2 选 1、4 选 1、8 选 1、16 选 1 等类别。

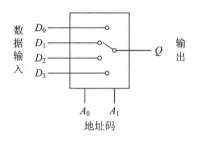

图 3.5.2　数据选择器

1. 双 4 选 1 数据选择器 74LS153

双 4 选 1 数据选择器 74LS153 是指在一块集成芯片上有两个 4 选 1 数据选择器。它的引脚排列图见图 3.5.1。其功能表如表 3.5.1 所示。

表 3.5.1　74LS153 的功能表

输　　入			输　　出
$\overline{S}$	A_1	A_0	Q
1	×	×	0
0	0	0	D_0
0	0	1	D_1
0	1	0	D_2
0	1	1	D_3

$1\overline{S}$、$2\overline{S}$ 为两个独立的使能端；A_1、A_0 为公用的地址输入端；$1D_0 \sim 1D_3$ 和 $2D_0 \sim 2D_3$

分别为两个 4 选 1 数据选择器的数据输入端；Q_1、Q_2 为两个输出端。

（1）当使能端 $1\bar{S}(2\bar{S})=1$ 时，多路开关被禁止，无输出，$Q=0$。

（2）当使能端 $1\bar{S}(2\bar{S})=0$ 时，多路开关正常工作，根据地址码 A_1、A_0 的状态，将相应的数据 $D_0\sim D_3$ 送到输出端 Q。

例如，$A_1A_0=00$，则选择 D_0 数据到输出端，即 $Q=D_0$；又例如，$A_1A_0=01$，则选择 D_1 数据到输出端，即 $Q=D_1$，其余类推。

2. 8 选 1 数据选择器 74LS151

74LS151 为互补输出的 8 选 1 数据选择器。它的引脚排列图见图 3.5.1。其功能表如表 3.5.2 所示。选择控制端（地址端）为 $A_2\sim A_0$，按二进制译码，从 8 个输入数据 $D_0\sim D_7$ 中选择一个需要的数据送到输出端 Q，$\bar{S}$ 为使能端，低电平有效。

表 3.5.2 74LS151 的功能表

输　入				输　出	
$\bar{S}$	A_2	A_1	A_0	Q	$\bar{Q}$
1	×	×	×	0	1
0	0	0	0	D_0	$\bar{D_0}$
0	0	0	1	D_1	$\bar{D_1}$
0	0	1	0	D_2	$\bar{D_2}$
0	0	1	1	D_3	$\bar{D_3}$
0	1	0	0	D_4	$\bar{D_4}$
0	1	0	1	D_5	$\bar{D_5}$
0	1	1	0	D_6	$\bar{D_6}$
0	1	1	1	D_7	$\bar{D_7}$

（1）当使能端 $\bar{S}=1$ 时，不论 $A_2\sim A_0$ 状态如何，均无输出（$Q=0$，$\bar{Q}=1$），多路开关被禁止。

（2）当使能端 $\bar{S}=0$ 时，多路开关正常工作，根据地址码 A_2、A_1、A_0 的状态选择 $D_0\sim D_7$ 中某一个通道的数据输送到输出端 Q。

例如，$A_2A_1A_0=000$，则选择 D_0 数据到输出端，即 $Q=D_0$；又例如，$A_2A_1A_0=001$，则选择 D_1 数据到输出端，即 $Q=D_1$，其余类推。

3. 用数据选择器实现逻辑函数

【例 1】 用 8 选 1 数据选择器 74LS151 实现函数：

$$F = A\bar{B} + \bar{A}C + B\bar{C}$$

例 1 的函数 F 的功能表如表 3.5.3 所示。将函数 F 功能表与 8 选 1 数据选择器 74LS151 的功能表相比较可知：① 将输入变量 C、B、A 作为 8 选 1 数据选择器的地址码 A_2、A_1、A_0；② 使 8 选 1 数据选择器的各数据输入 $D_0\sim D_7$ 分别与函数 F 的输出值一一相对应，即

$$A_2A_1A_0 = CBA$$
$$D_0 = D_7 = 0$$
$$D_1 = D_2 = D_3 = D_4 = D_5 = D_6 = 1$$

则 8 选 1 数据选择器的输出 Q 便实现了函数 $F = A\bar{B} + \bar{A}C + B\bar{C}$。例 1 的接线图如图 3.5.3 所示。

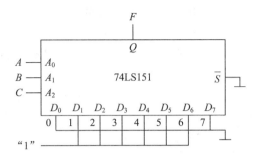

图 3.5.3 例 1 的接线图

显然，当采用具有 n 个地址端的数据选择实现 n 变量的逻辑函数时，应将函数的输入变量加到数据选择器的地址端(A)，选择器的数据输入端(D)按次序以函数 F 输出值来赋值。

表 3.5.3 例 1 的函数 F 的功能表

输	入		输 出
C	B	A	F
0	0	0	0
0	0	1	1
0	1	0	1
0	1	1	1
1	0	0	1
1	0	1	1
1	1	0	1
1	1	1	0

【例 2】 用双 4 选 1 数据选择器 74LS153 实现函数：

$$F = \bar{A}BC + A\bar{B}C + AB\bar{C} + ABC$$

例 2 的函数 F 的功能表如表 3.5.4 所示。

表 3.5.4 例 2 的函数 F 的功能表

输	入		输 出
A	B	C	F
0	0	0	0
0	0	1	0
0	1	0	0
0	1	1	1
1	0	0	0
1	0	1	1
1	1	0	1
1	1	1	1

函数 F 有三个输入变量 A、B、C，而数据选择器有两个地址端 A_1、A_0 少于函数输入变量个数。在设计时，可任选 A 接 A_1，B 接 A_0。将函数功能表 3.5.4 改成表 3.5.5 的形式，可见若将输入变量 A、B、C 中 A、B 接选择器的地址端 A_1、A_0，由表 3.5.5 可知：

$$D_0 = 0，D_1 = D_2 = C，D_3 = 1$$

则双 4 选 1 数据选择器 74LS153 的输出便实现了函数 $F = \overline{A}BC + A\overline{B}C + AB\overline{C} + ABC$。例 2 的接线图如图 3.5.4 所示。

当函数输入变量大于数据选择器地址端（A）时，可能随着选用函数输入变量作为地址的方案不同，而使其设计结果不同，需对几种方案比较，以获得最佳方案。

表 3.5.5　函数 F 的另一种形式的功能表

输　　入			输　出	中　选数据端
A	B	C	F	
0	0	0	0	$D_0 = 0$
		1	0	
0	1	0	0	$D_1 = C$
		1	1	
1	0	0	0	$D_2 = C$
		1	1	
1	1	0	1	$D_3 = 1$
		1	1	

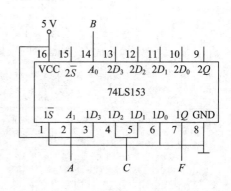

图 3.5.4　例 2 的接线图

3.5.4　仿真测试

1. 74LS151 逻辑功能的仿真测试

将 74LS151 地址端 A_2、A_1、A_0，数据端 $D_0 \sim D_7$ 和使能端 $\overline{S}$ 接逻辑开关，输出端 Q 接逻辑电平显示器。在 Multisim 14 仿真平台上调取逻辑开关、逻辑笔、芯片 74LS151、电源和地线等元件，按图 3.5.3 搭建如图 3.5.5 所示的仿真测试电路。

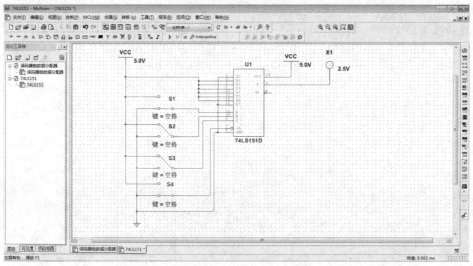

图 3.5.5　74LS151 逻辑功能的仿真测试电路

连接无误后，点击运行按钮"▶ ⏸ ⏹"，观察指示灯的发光情况，并将其转换为逻辑状态，灯亮为"1"，灯灭为"0"。仿真测试结果如表 3.5.6 中"输出的仿真测试结果"一栏所示。

表 3.5.6　74LS151 的仿真测试结果

输　　　入				输出的仿真测试结果	
$\bar{S}$	C	B	A	Q	$\bar{Q}$
1	×	×	×	0	1
0	0	0	0	$D_0=0$	$\bar{D}_0=1$
0	0	0	1	$D_1=1$	$\bar{D}_1=0$
0	0	1	0	$D_2=1$	$\bar{D}_2=0$
0	0	1	1	$D_3=1$	$\bar{D}_3=0$
0	1	0	0	$D_4=1$	$\bar{D}_4=0$
0	1	0	1	$D_5=1$	$\bar{D}_5=0$
0	1	1	0	$D_6=1$	$\bar{D}_6=0$
0	1	1	1	$D_7=0$	$\bar{D}_7=1$

2. 74LS153 逻辑功能的仿真测试

仿真测试方法及步骤同上，将 74LS151 换成 74LS153 即可。其仿真测试电路如图 3.5.6 所示。

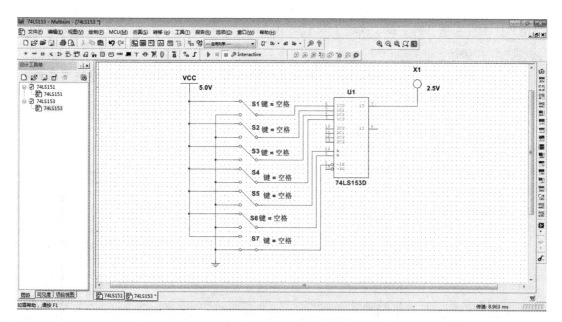

图 3.5.6　74LS153 逻辑功能的仿真测试电路

连接无误后，点击运行按钮"▶ ⏸ ⏹"，观察指示灯的发光情况，并将其转换为逻辑状态，灯亮为"1"，灯灭为"0"。仿真测试结果如表 3.5.7 中"输出的仿真测试结果"一栏所示。

表 3.5.7　74LS153 逻辑功能的仿真测试结果

输　　入			输出的仿真测试结果
$\overline{S}$	A_1	A_0	Q
1	$\times$	$\times$	0
0	0	0	$D_0=1$
0	0	1	$D_1=1$
0	1	0	$D_2=1$
0	1	1	$D_3=1$

3. 用 8 选 1 数据选择器 74LS151 实现函数 $F=A\overline{B}+\overline{A}C+B\overline{C}$ 的仿真测试

1) 写出设计过程

根据表 3.5.2，74LS151 的输出函数为

$$Y(S_2, S_1, S_0) = \overline{S_2}\,\overline{S_1}\,\overline{S_0}\,D_0 + \overline{S_2}\,\overline{S_1}S_0\,D_1 + \overline{S_2}S_1\,\overline{S_0}\,D_2 + \overline{S_2}S_1S_0\,D_3 +$$
$$S_2\,\overline{S_1}\,\overline{S_0}\,D_4 + S_2\,\overline{S_1}S_0\,D_5 + S_2S_1\,\overline{S_0}\,D_6 + S_2S_1S_0\,D_7$$

用函数 $F=A\overline{B}+\overline{A}C+B\overline{C}$ 与上式比较可知，将输入变量 C、B、A 作为 8 选 1 数据选择器的地址码 S_2、S_1、S_0，同时使 8 选 1 数据选择器的各数据输入 $D_0 \sim D_7$ 分别与函数 F 的输出值一一相对应，即

$$S_2 S_1 S_0 = CBA$$
$$D_0 = D_7 = 0$$
$$D_1 = D_2 = D_3 = D_4 = D_5 = D_6 = 1$$

则用 8 选 1 数据选择器实现了函数 $F=A\overline{B}+\overline{A}C+B\overline{C}$。

2) 仿真过程

在 Multisim 14 仿真平台上调取逻辑开关、逻辑笔、芯片 74LS151、电源和地线等元件，连接后得到如图 3.5.7 所示的仿真测试电路。

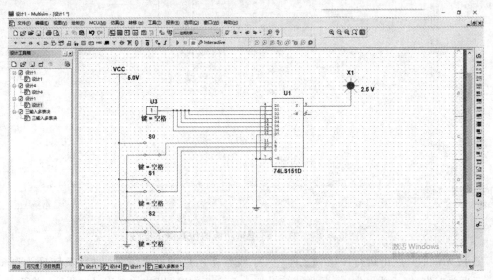

图 3.5.7　用 8 选 1 数据选择器 74LS151 实现逻辑函数 $F=A\overline{B}+\overline{A}C+B\overline{C}$ 的仿真测试电路

连接无误后，点击运行按钮"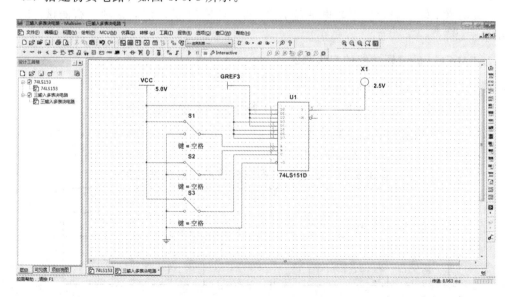"，观察指示灯的发光情况，并将其转换为逻辑状态，灯亮为"1"，灯灭为"0"。仿真测试结果如表 3.5.8 中"输出的仿真测试结果"一栏所示。

表 3.5.8　用 8 选 1 数据选择器 74LS151 实现逻辑函数 $F = A\bar{B} + \bar{A}C + B\bar{C}$ 的仿真测试结果

三输入			输出的仿真测试结果
C	B	A	F
0	0	0	0
0	0	1	1
0	1	0	1
0	1	1	1
1	0	0	1
1	0	1	1
1	1	0	1
1	1	1	0

4. 用 8 选 1 数据选择器 74LS151 实现三输入多数表决电路

（1）写出设计过程。根据表 3.5.2，输出标准最小项表达式为
$$Y = \bar{C}BAD_3 + C\bar{B}AD_5 + CB\bar{A}D_6 + CBAD_7$$
$$D_0 = D_1 = D_2 = D_4 = 0$$
$$D_3 = D_5 = D_6 = D_7 = 1$$

（2）搭建仿真电路，如图 3.5.8 所示。

图 3.5.8　三输入多数表决电路

连接无误后，点击运行按钮""，观察指示灯的发光情况，并将其转换为逻辑

状态,灯亮为"1",灯灭为"0"。仿真测试结果如表 3.5.9 中"输出的仿真测试结果"一栏所示。

表 3.5.9 三输入多数表决电路的仿真测试结果

三输入			输出的仿真测试结果
A	B	C	$Y=0/1$
0	0	0	0
0	0	1	0
0	1	0	0
0	1	1	1
1	0	0	0
1	0	1	1
1	1	0	1
1	1	1	1

3.5.5 仪器实验

1. 74LS151 的逻辑功能的实验测试

按图 3.5.1(a)连接电路,将 74LS151 的地址端 A_2、A_1、A_0,数据端 $D_0 \sim D_7$ 和使能端 $\overline{S}$ 接逻辑开关,输出端 Q 接逻辑电平显示器,按 74LS151 的功能表逐项进行测试,记录测试结果。

2. 74LS153 的逻辑功能的实验测试

测试方法及步骤同上,记录之。

3. 用双 4 选 1 数据选择器扩展成 8 选 1 数据选择器的实验测试

按图 3.5.9 连接电路进行实验测试。当输入地址变量($A_2 A_1 A_0$)为 000,001,010,…,111 时,将输出 Y 分别填入表 3.5.10 中。

表 3.5.10 8 选 1 数据选择器的实验测试结果

输 入	A_2	0	0	0	0	1	1	1	1
	A_1	0	0	1	1	0	0	1	1
	A_0	0	1	0	1	0	1	0	1
输 出	Y								

实验测试步骤如下:

(1) 分析图 3.5.9 所示的扩展原理,掌握数据选择器的扩展方法。

(2) 设计其他扩展方法,并画出接线图验证逻辑功能。

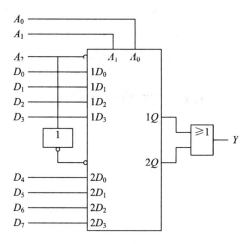

图 3.5.9　用双 4 选 1 数据选择器扩展成 8 选 1 数据选择器

4. 用 8 选 1 数据选择器 74LS151 设计三输入多数表决电路的实验测试

实验测试步骤如下：

（1）写出设计过程。

（2）画出接线图。

（3）验证逻辑功能。

3.5.6　实验报告要求

（1）写明实验目的。

（2）写出实验仪器名称和型号。

（3）用数据选择器对实验内容进行设计，写出设计全过程，画出接线图，并进行逻辑功能测试，总结实验收获、体会。

3.5.7　拓展实验：全加器设计实验

通过 Multisim 14 仿真与仪器实验，体会利用集成电路芯片进行电路设计的重要性，进一步掌握 74LS153 数据选择器的性能及应用。

1. 设计题目

（1）用双 4 选 1 数据选择器 74LS153 实现全加器。其步骤如下：

① 写出设计过程。

② 画出接线图。

③ 验证逻辑功能。

（2）用 1 个 74LS153 芯片扩展成一个 8 选 1 数据选择器。其步骤如下：

① 写出设计过程。

② 画出接线图。

③ 验证逻辑功能。

2. 设计内容及要求

（1）写出设计报告，包括设计原理、设计电路及选择电路元器件参数。

（2）先用 Multisim 14 软件搭建仿真电路，再用仪器组装电路，并进行电路的调试。检验电路是否满足设计要求并演示。若不满足，则重新调试，使其满足设计题目要求。

（3）写出实验报告，并画出调试成功的设计电路。

3.6 组合逻辑电路

【预习内容】

（1）根据实验任务要求设计组合电路，了解所用芯片的引脚功能，并根据所给的芯片画出逻辑图。

（2）利用 Multisim 14 软件进行组合逻辑电路仿真测试。

3.6.1 实验目的

（1）掌握组合逻辑电路的设计方法。

（2）测试验证设计的逻辑电路。

（3）熟悉用 Multisim 14 软件和仪器进行组合逻辑电路测试方法。

3.6.2 实验器材

序号	器材名称	型号与规格	数量	备注
1	Multisim 14 软件		1	
2	多功能电子技术实验平台		1	
3	示波器		1	
4	4－2 输入与非门	74LS00	1	
5	TTL 非门	74LS04	1	
6	2－4 输入与非门	74LS20	1	

各集成电路芯片的引脚分布图如图 3.6.1 所示。

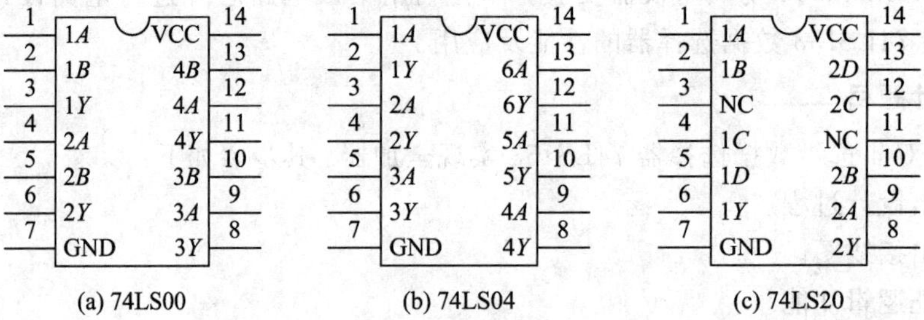

(a) 74LS00　　　　(b) 74LS04　　　　(c) 74LS20

图 3.6.1　各集成电路芯片的引脚分布图

3.6.3 实验原理

1. 用中、小规模集成电路芯片设计组合电路

设计组合电路的一般步骤如下：

（1）根据设计任务的要求，画出真值表。

（2）用卡诺图或逻辑代数化简法求出最简的逻辑表达式。

（3）根据逻辑表达式画出逻辑图，用集成电路芯片构成电路。

（4）根据逻辑图，在实验箱上搭出具体电路，验证设计的正确性。

2. 组合逻辑电路设计举例

用与非门设计一个表决电路。当 4 个输入端中有 3 个或 4 个为"1"时，输出端才为"1"。其设计步骤如下：

（1）根据题意列出真值表，记入表 3.6.1 中。得出卡诺图，并记入表 3.6.2 中。

表 3.6.1　表决电路的真值表

D	0	0	0	0	0	0	0	0	1	1	1	1	1	1	1	1
A	0	0	0	0	1	1	1	1	0	0	0	0	1	1	1	1
B	0	0	1	1	0	0	1	1	0	0	1	1	0	0	1	1
C	0	1	0	1	0	1	0	1	0	1	0	1	0	1	0	1
Z	0	0	0	0	0	0	0	1	0	0	0	1	0	1	1	1

（2）由卡诺图得出逻辑表达式，演化成"与非"的形式为

$$Z = ABC + BCD + ACD + ABD = \overline{\overline{ABC} \cdot \overline{BCD} \cdot \overline{ACD} \cdot \overline{ABD}}$$

（3）画出用与非门构成的表决电路逻辑图，如图 3.6.2 所示。

表 3.6.2　表决电路的卡诺图

BC＼DA	00	01	11	10
00				
01			1	
11		1	1	1
10			1	

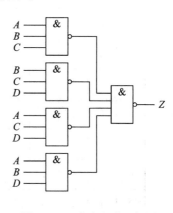

图 3.6.2　表决电路逻辑图

3.6.4　仿真测试

1. 设计一个四人无弃权表决电路（多数赞成则提案通过）

本设计要求采用 4 - 2 输入与非门实现。要求按设计步骤进行，直到测试电路逻辑功能符合设计要求为止。

在 Multisim 14 仿真平台上调取所需的逻辑开关、逻辑笔、芯片 74LS00、电源和地线等元件，连接后得到如图 3.6.3 所示的仿真测试电路。

连接无误后，点击运行按钮" ▶ ‖ ■ "，观察指示灯的发光情况，并将其转换为逻辑状态，灯亮为"1"，灯灭为"0"。仿真测试结果如表 3.6.3 中"输出的仿真测试结果"一栏所示。

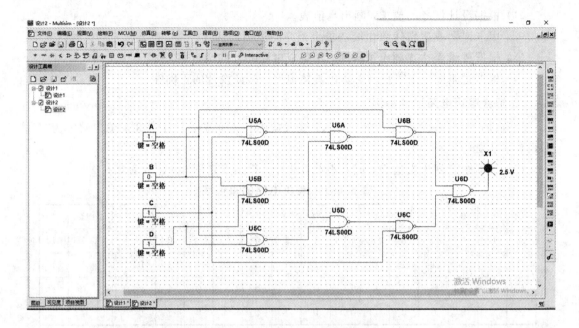

图 3.6.3　表决电路的仿真测试电路

表 3.6.3　表决电路的仿真测试结果

A	B	C	D	输出的仿真测试结果	A	B	C	D	输出的仿真测试结果
0	0	0	0	0	1	0	0	0	0
0	0	0	1	0	1	0	0	1	0
0	0	1	0	0	1	0	1	0	0
0	0	1	1	1	1	0	1	1	1
0	1	0	0	0	1	0	0	0	0
0	1	0	1	0	1	1	0	1	1
0	1	1	0	0	1	1	1	0	1
0	1	1	1	1	1	1	1	1	1

2. 设计一个保险箱的数字代码锁

在 Multisim 14 仿真平台上调取芯片 74LS00、74LS04、74LS21，逻辑开关，发光二极管，蜂鸣器，电源和地线等元件，连接后得到如图 3.6.4 所示的仿真测试电路。

连接无误后，点击运行按钮"▶ Ⅱ ■"，观察指示灯的发光情况，并将其转换为逻辑状态，灯亮为"1"，灯灭为"0"。仿真测试结果如表 3.6.4 中"输出的仿真测试结果"一栏所示。

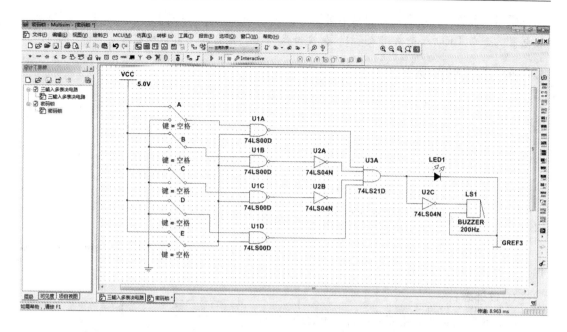

图 3.6.4 数字代码锁的仿真测试电路

表 3.6.4 数字代码锁的仿真测试结果

E	A	B	C	D	输出的仿真测试结果	E	A	B	C	D	输出的仿真测试结果
1	0	0	0	0	报警	1	1	0	0	0	报警
1	0	0	0	1	报警	1	1	0	0	1	灯亮,锁开
1	0	0	1	0	报警	1	1	0	1	0	报警
1	0	0	1	1	报警	1	1	0	1	1	报警
1	0	1	0	0	报警	1	1	1	0	0	报警
1	0	1	0	1	报警	1	1	1	0	1	报警
1	0	1	1	0	报警	1	1	1	1	0	报警
1	0	1	1	1	报警	1	1	1	1	1	报警

3.6.5 仪器实验

1. 设计一个四人无弃权表决电路(多数赞成则提案通过)

本设计要求用 2-2 输入与非门实现。要求按设计步骤进行,直到测试电路逻辑功能符合设计要求为止。

2. 设计一保险箱的数字代码锁

本设计的数字代码锁规定有四位代码 A、B、C、D 的输入端和一个开箱钥匙孔信号 E 的输入端,锁的代码由实验者自编(如 1001)。当用钥匙开箱时,$E = 1$;如果输入代码符合该锁设定的代码,数字代码锁被打开($Z_1 = 1$);如果代码不符,电路将发出报警信号($Z_2 = 1$)。要求设计使用最少的与非门来实现,检测并记录设计实验结果。

提示：实验时，数字代码锁被打开，可用实验箱上的 LED 点亮表示（或用实验箱上的继电器吸合与 LED 点亮共同表示）。在按错代码时，蜂鸣器发出声响报警。

3.6.6　实验报告要求

（1）写明实验目的。

（2）写明实验仪器名称和型号。

（3）写明实验任务的设计过程，画出设计的逻辑电路图。

（4）对所设计的电路进行实验测试，记录测试结果。

（5）写出组合逻辑电路的设计体会。

3.6.7　拓展实验：观察竞争冒险现象电路设计实验

通过 Multisim 14 仿真与仪器实验，观察竞争冒险现象，学习消除冒险现象的方法，掌握组合逻辑电路设计与调试方法。

1. 设计题目

动手实际搭建组合电路，观察竞争冒险现象。按图 3.6.5 接线，当 $B=1$、$C=1$ 时，A 输入矩形波（$f=1\,\mathrm{MHz}$ 以上），用示波器观察 Y 输出波形，然后用增加冗余项的方法消除冒险现象。

2. 设计内容和要求

（1）写出设计报告，包括设计原理、设计电路及选择电路元件参数。

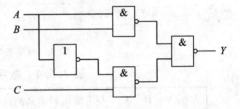

图 3.6.5　观察竞争冒险现象电路逻辑图

（2）先用 Multisim 14 软件搭建仿真电路，再用仪器组装电路，并进行电路调试。检验电路是否满足设计要求并演示。若不满足，则重新调试，使其满足设计题目要求。

（3）写出实验报告，并画出调试成功的设计电路。

3.7　集成电路触发器

【预习内容】

（1）复习有关 D 触发器、JK 触发器的内容。

（2）预习实验电路的工作原理，拟订实验方案。

（3）用 Multisim 14 软件进行集成电路触发器仿真测试。

3.7.1　实验目的

（1）验证基本 RS 触发器、D 触发器及 JK 触发器的逻辑功能。

（2）设计一单发脉冲发生器，验证其功能。

（3）熟悉用 Multisim 14 软件和仪器进行集成电路触发器测试方法。

3.7.2　实验器材

序号	器材名称	型号与规格	数量	备注
1	计算机与 Multisim 14 软件		1	
2	多功能电子技术实验平台		1	
3	逻辑分析仪		1	虚拟
4	双通示波器		1	
5	电阻	3.3 kΩ	2	
6	4 - 2 输入与非门	74LS00	1	
7	双 D 触发器	74LS74	1	
8	双 JK 触发器	74LS76	1	

各集成电路芯片的引脚分布图如图 3.7.1 所示。

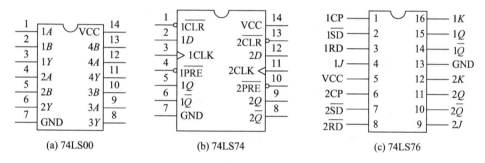

图 3.7.1　各集成电路芯片的引脚分布图

3.7.3　实验原理

触发器具有两个稳定状态，用以表示逻辑状态"1"和逻辑状态"0"，在一定的外界信号作用下，可以从一个稳定状态转到另一个稳定状态。它是一个具有记忆功能的二进制信息存储器件，是构成各种时序电路的最基本的逻辑单元。

1. 基本 RS 触发器

基本 RS 触发器由两个与非门交叉耦合构成，其电路结构和逻辑符号如图 3.7.2 所示。基本 RS 触发器具有置"0"、置"1"和保持三种功能。通常称 $\overline{S}_D = \overline{R}_D = 1$ 时的输出状态为保

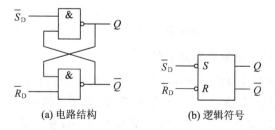

图 3.7.2　基本 RS 触发器的电路结构和逻辑符号

持(由与非门组成的基本 RS 触发器,控制端为低电平有效)。另外,基本 RS 触发器也可以用两个或非门组成。需要注意的是,此时为高电平触发有效。

2. D 触发器

当输入信号需要为单端情况时,D 触发器输出状态的更新发生在 CP 脉冲的边沿(上升沿或下降沿),故又称其为边沿触发器,触发器的状态只取决于 CP 脉冲到来前 D 端的状态。D 触发器的应用很广,可用于数字信号的寄存、移位寄存、分频和波形的发生等。其型号很多,如双 D 的有 74LS74、CD4013,四 D 的有 74LS175、CD4042,六 D 的有 74LS174,八 D 的有 74LS374 等。

3. JK 触发器

输入信号为双端情况,JK 触发器是功能完善、使用灵活和通用性较强的一种触发器。74LS76、74LS112、CD4027 均为双 JK 触发器,也属于边沿触发器,使用时需根据给出的引脚分布图判别是上升沿还是下降沿触发,异步置"1"、置"0"端是高电平有效还是低电平有效,不用时需接相反的电平。D 触发器和 JK 触发器的逻辑符号如图 3.7.3 所示。

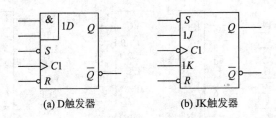

(a) D触发器   (b) JK触发器

图 3.7.3 D 触发器和 JK 触发器的逻辑符号

4. 触发器的应用——无抖动开关

用基本 RS 触发器组成的无抖动开关(或称为消抖动开关),如图 3.7.4 所示。其使用逻辑开关作为 $\overline{R}_D$、$\overline{S}_D$ 端的控制输入。

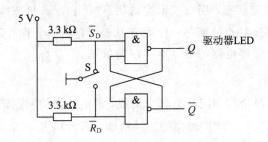

图 3.7.4 用基本 RS 触发器组成的无抖动开关

5. 触发器的应用——单发脉冲发生器

用 74LS74 双 D 触发器设计一个单发脉冲发生器实验电路,要求将 1 Hz 连续脉冲和手控触发脉冲分别作为两个触发器的 CP 脉冲输入,只要手控触发脉冲送出一个脉冲(按一下按钮),单发脉冲发生器就送出一个脉冲,该脉冲与手控触发脉冲的时间长短无关。用双 D 触发器组成的单发脉冲发生器如图 3.7.5 所示。

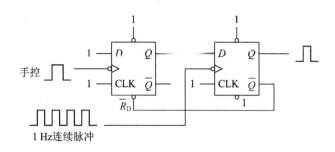

图 3.7.5 用双 D 触发器组成的单发脉冲发生器

3.7.4 仿真测试

1. 无抖动开关逻辑功能的仿真测试

在 Multisim 14 仿真平台上调取逻辑开关、电阻、逻辑笔、芯片 74LS00、电源和地线等元件，按图 3.7.4 搭建如图 3.7.6 所示的仿真测试电路。

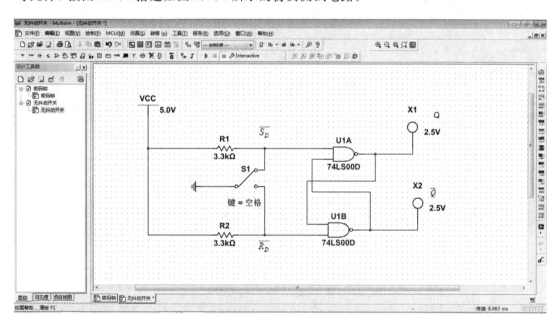

图 3.7.6 无抖动开关的仿真测试电路

连接无误后，点击运行按钮"▶ ▋ ▇"，仿真测试过程及结果分别如图 3.7.7 和表 3.7.1 所示。

表 3.7.1 无抖动开关逻辑功能的仿真测试结果

$\overline{R}_D$	$\overline{S}_D$	Q	$\overline{Q}$
0	1	0	1
1	0	1	0

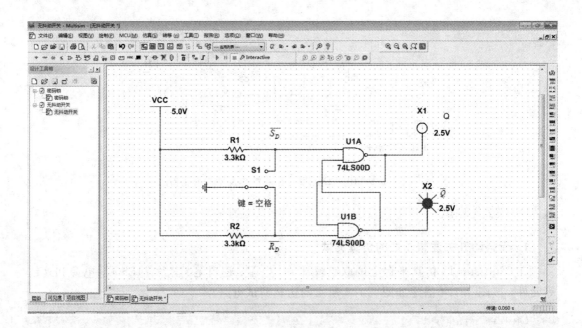

(a) $\overline{S_D}=1$，$\overline{R_D}=0$

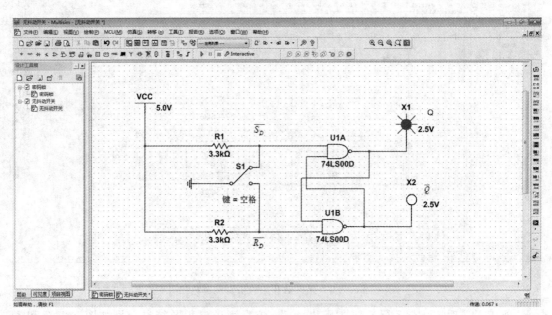

(b) $\overline{S_D}=0$，$\overline{R_D}=1$

图 3.7.7　无抖动开关的仿真测试过程

2. 双 D 触发器 74LS74 逻辑功能的仿真测试

在 Multisim 14 仿真平台上调取逻辑开关、时钟源、逻辑笔、芯片 74LS74、逻辑分析仪、电源和地线，连接后得到如图 3.7.8 所示的仿真测试电路。

连接无误后，点击运行按钮"　▶ ❙❙ ■　"，再双击逻辑分析仪。仿真测试结果如图 3.7.9 所示。

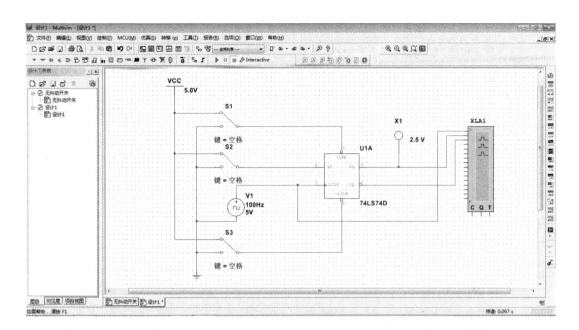

图 3.7.8　双 D 触发器 74LS74 逻辑功能的仿真测试电路

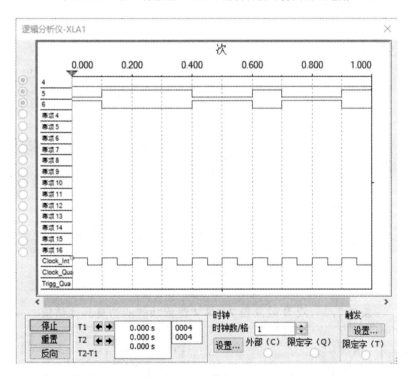

图 3.7.9　用逻辑分析仪测试 74LS74 的仿真测试结果

图 3.7.9 表明，D 触发器输出更新状态发生在 CP 脉冲的上升沿（↑）。点击运行按钮"▶ Ⅱ ■"，拨动逻辑开关，观察指示灯的发光情况，并将其转换为逻辑状态，灯亮为"1"，灯灭为"0"。仿真测试过程及结果分别如图 3.7.10 和如表 3.7.2 所示。

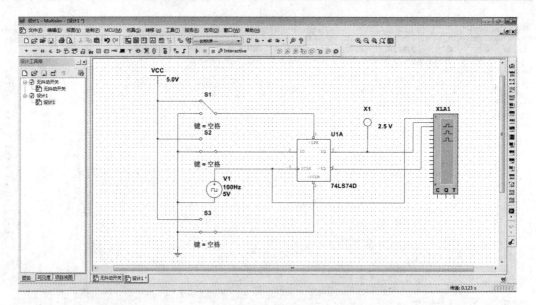

(a) $\overline{S}_D = 0$, $\overline{R}_D = 1$

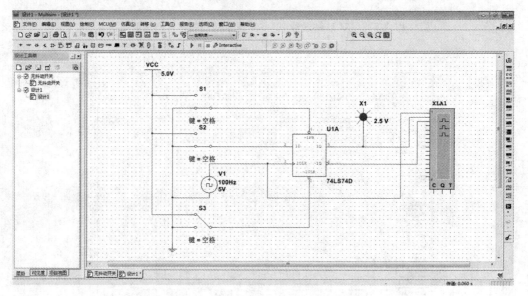

(b) $\overline{S}_D = 1$, $\overline{R}_D = 0$

图 3.7.10　仿真测试过程

表 3.7.2　双 D 触发器 74LS74 逻辑功能的仿真测试结果

$\overline{R}_D$	$\overline{S}_D$	D	CP	Q^{n+1}	
				$Q^n = 0$	$Q^n = 1$
0	1	$\times$	$\times$	0	0
1	0	$\times$	$\times$	1	1
1	1	0	$\uparrow$	0	0
1	1	1	$\uparrow$	1	1

3. JK 触发器 74LS76 逻辑功能的仿真测试

将 JK 触发器的 R_D、S_D、J、K 端接逻辑开关插口，CLK 端接单次脉冲源，Q、$\overline{Q}$ 端接到逻辑电平显示插口，要求分别改变 R_D、S_D、J、K 端状态时仿真观察输出 Q、$\overline{Q}$ 端状态，以及触发器输出更新状态是发生在 CP 脉冲的上升沿（↑）还是下降沿（↓）并做记录。

在 Multisim 14 仿真平台上调取逻辑开关、时钟源、逻辑笔、芯片 74LS76、逻辑分析仪、电源和地线，连接后得到如图 3.7.8 所示的仿真测试电路。

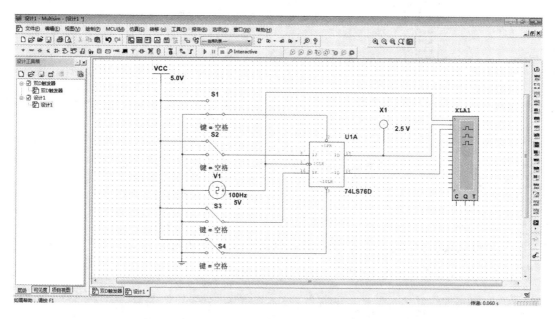

图 3.7.11　JK 触发器 74LS76 逻辑功能的仿真测试电路

连接无误后，点击运行按钮" ▶ ❙❙ ■ "，双击逻辑分析仪。仿真测试结果如图 3.7.12 所示。

图 3.7.12 表明，JK 触发器输出更新状态是发生在 CP 脉冲的下降沿（↓）。点击运行按钮" ▶ ❙❙ ■ "，拨动逻辑开关，观察指示灯的发光情况，并将其转换为逻辑状态，灯亮为"1"，灯灭为"0"。仿真测试结果如表 3.7.3 所示。

表 3.7.3　JK 触发器 74LS76 逻辑功能的仿真测试结果

R_D	S_D	J	K	CP	Q^{n+1}	
					$Q^n=0$	$Q^n=1$
0	1	×	×	×	1	1
1	0	×	×	×	0	0
1	1	0	0	↓	Q^n	$\overline{Q^n}$
1	1	0	1	↓	0	1
1	1	1	0	↓	1	0
1	1	1	1	↓	Q^n	$\overline{Q^n}$

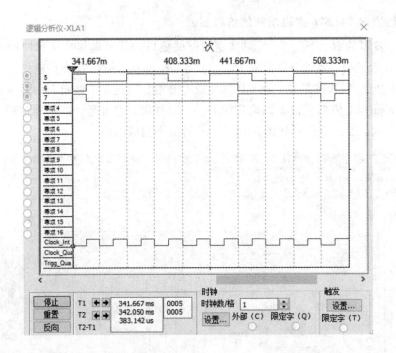

图 3.7.12　用逻辑分析仪测试 74LS76 的仿真测试结果

4. 用双 D 触发器组成的单发脉冲发生器逻辑功能的仿真测试

按图 3.7.5 搭建仿真测试电路，如图 3.7.13 所示。

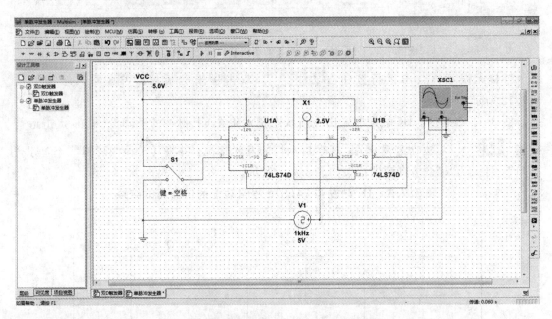

图 3.7.13　用双 D 触发器组成的单脉冲发生器逻辑功能的仿真测试电路

连接无误后，点击运行按钮"　▶ ❚❚ ■　"，拨动逻辑开关，双击虚拟示波器。示波器的仿真测试结果如图 3.7.14 所示。

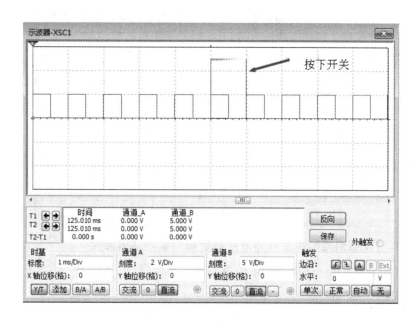

图 3.7.14 示波器的仿真测试结果

3.7.5 仪器实验

1. 无抖动开关逻辑功能的实验测试

测试电路如图 3.7.4 所示。使用逻辑开关作为 $\overline{R}_D$、$\overline{S}_D$ 的控制输入端进行逻辑功能的实验测试。

2. 双 D 触发器 74LS74 逻辑功能的实验测试

测试 $\overline{R}_D$、$\overline{S}_D$ 的复位、置位功能，观察触发器输出状态的更新是发生在 CP 脉冲的上升沿（↑）还是下降沿（↓），并记录于表 3.7.4 中。

表 3.7.4 D 触发器 74LS74 逻辑功能的实验测试结果

$\overline{R}_D$	$\overline{S}_D$	D	CP	Q^{n+1}	
				$Q^n = 0$	$Q^n = 1$
0	1	×			
1	0	×			
1	1	0			
1	1	1			

3. JK 触发器 74LS76 逻辑功能的实验测试

同前面仿真方法一样，组装电路并分别改变 R_D、S_D、J、K 端状态，观察输出 Q、$\overline{Q}$ 端状态以及触发器输出更新状态是发生在 CP 脉冲的上升沿（↑）还是下降沿（↓），将实验结果记入表 3.7.5 中。

表 3.7.5 　 JK 触发器 74LS76 逻辑功能的实验测试结果

R_D	S_D	J	K	CP	Q^{n+1}	
					$Q^n = 0$	$Q^n = 1$
0	1	×	×			
1	0	×	×			
1	1	0	0			
1	1	0	1			
1	1	1	0			
1	1	1	1			

4. 用双 D 触发器组成的单发脉冲发生器逻辑功能的实验测试

按图 3.7.5 连接电路,并按其给定的条件进行实验测试。

3.7.6 　实验报告要求

(1) 写明实验目的。

(2) 写明实验仪器名称和型号。

(3) 写明实验任务的设计过程。

(4) 整理各触发器的逻辑功能,并总结实验结果。

(5) 写出实验体会及实验中遇到的问题是如何解决的。

3.7.7 　拓展实验:汽车尾灯控制电路设计实验

通过 Multisim 14 仿真与仪器实验,进一步体会利用中小规模集成电路芯片进行组合逻辑电路设计与调试方法。

1. 设计题目

汽车尾灯安装在汽车尾部左、右两侧,一般各为 3 盏,用来警示后面的汽车,告诉本车左、右转弯,停车,刹车等状况。

要求设计一个汽车尾灯控制电路,用 6 盏发光二极管模拟 6 盏汽车尾灯,左、右各 3 盏,用 4 个开关分别模拟刹车信号 K_1、停车信号 K_2、左转弯信号 K_L 和右转弯信号 K_R。

(1) 在正常情况下,当汽车左(或右)转弯时,该侧的 3 盏尾灯按如图 3.7.15 所示的闪亮规律进行状态转换,状态转换时间为 1 s,直至断开该侧的转向开关。

(a) 右转弯　　　　　　　　　　　　　　　　　　(b) 左转弯

图 3.7.15 　三只汽车尾灯转弯闪亮规律

(2) 在无制动时(无刹车,K_1=“0”),若司机不慎将两个转向开关接通,则两侧汽车尾灯都做同样的周期变化。

(3) 在刹车制动时(K_1=“1”),所有 6 盏汽车尾灯同时亮。

(4) 在停车时(K_2=“1”),6 盏汽车尾灯均按 1 Hz 频率闪亮,直到 K_2=“0”为止。

2. 设计内容与要求

（1）写出设计报告，包括设计原理、设计电路及选择电路元件参数。

（2）用 Multisim 14 软件搭建仿真电路、用仪器组装电路，并调试电路。检验电路是否满足设计要求并演示。若不满足，则重新调试，使其满足设计题目要求。

（3）写出实验总结报告，并画出调试成功的设计电路。

3.8　移位寄存器

【预习内容】

（1）复习有关移位寄存器的内容。

（2）熟悉芯片 74LS194、74LS74 的其逻辑功能及引脚分布。

（3）利用 Multisim 14 软件进行移位寄存器仿真测试。

3.8.1　实验目的

（1）学习用 D 触发器构成移位寄存器（环行计数器）。

（2）了解中规模集成电路双向移位寄存器逻辑功能及使用方法。

（3）熟悉用 Multisim 14 软件和仪器进行移位寄存器测试方法。

3.8.2　实验器材

序号	器材名称	型号与规格	数量	备注
1	计算机与 Multisim 14 软件		1	
2	多功能电子技术实验平台		1	
3	双 D 触发器	74LS74	1	
4	4 位双向移位寄存器	74LS194	1	

集成电路芯片 74LS74 和 74LS194 的引脚分布图如图 3.8.1 所示。

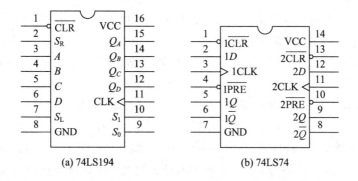

(a) 74LS194　　　　　(b) 74LS74

图 3.8.1　集成电路芯片 74LS74 和 74LS194 的引脚分布图

3.8.3 实验原理

1. 简单的 4 位移位环行计数器

用 4 个 D 触发器组成 4 位移位寄存器，将每位即各 D 触发器的输出 Q_1、Q_2、Q_3、Q_4 分别接到 4 个 0-1 指示器（LED）的插口，将最后一位输出 Q_4 反馈接到第一位 D 触发器的输入端，就构成一个简单的四位移位环行计数器。用 4 个 74LS74 组成移位寄存器，按图 3.8.2 连接，使第一个输出端点亮 LED 并使其右移循环（在时钟控制下）。LED 亮的顺序是 $LED_1 \rightarrow LED_2 \rightarrow LED_3 \rightarrow LED_4$ 的各输出端，即循环显示一个"1"。

（1）CP 时钟输入先不接到电路（单次脉冲源或连续脉冲源）中。

（2）连接线路完毕，检查无误后加 5 V 电源。

（3）此时 4 个输出端的 LED 应该是不亮的，如果有亮的话，应按清零端的逻辑开关 S_2（给出一个低电平信号清零后，再将逻辑开关置于高电平），即将 4 个 D 触发器输出端的 LED 清零。

（4）将第一个 D 触发器通过预置端（$\overline{PRE}$）置"1"（操作时注意先将该逻辑开关 S_1 置于低电平，然后再调回到高电平），此时 LED_1 应亮，其他各输出不亮。

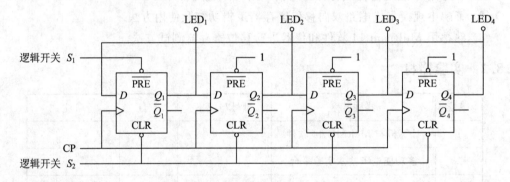

图 3.8.2　移位寄存器

（5）加入 CP 脉冲信号，此时应看到各输出端 LED 发亮，顺序为 $LED_1 \rightarrow LED_2 \rightarrow LED_3 \rightarrow LED_4 \rightarrow LED_1$，即输出端显示移位循环一个高电平"1"。

2. 双向移位寄存器

移位寄存器具有移位功能，是指寄存器中所存的代码能够在时钟脉冲的作用下依次左移或右移。既能左移又能右移的寄存器称为双向移位寄存器，只需要改变左移、右移的控制信号，便可实现双向移位的要求。移位寄存器根据存取信息的方式不同可分为串入串出、串入并出、并入串出、并入并出这 4 种形式。

本实验选用的 4 位双向移位寄存器，型号为 74LS194 或 CD40194，两者功能相同，其引脚分布如图 3.8.1 所示。其中，A、B、C、D 为并行输入端，A 为高位，其他依次排列；Q_A、Q_B、Q_C、Q_D 为并行输出端；S_R 为右移串行输入端；S_L 为左移串行输入端；S_1、S_0 为操作模式控制端；$\overline{CLK}$ 为异步清零端，低电平有效；CLK 为 CP 时钟脉冲输入端。

74LS194 有 5 种工作模式：并行输入（送数）、右移（$Q_A \rightarrow Q_D$）、左移（$Q_D \rightarrow Q_A$）、保持和清零。74LS194 的功能表如表 3.8.1 所示。

表 3.8.1　74LS194 的功能表

清零	模式		时钟	串行		输入				输出				功能
$\overline{CLK}$	S_1	S_0	CP	S_L	S_R	D	C	B	A	Q_D	Q_C	Q_B	Q_A	
0	×	×	×	×	×	×	×	×	×	0	0	0	0	清零
1	1	1	↑	×	0	D	C	B	A	A	B	C	D	送数
1	0	1	↑	0	0/1	×	×	×	×	Q_C	Q_B	Q_A	0/1	右移
1	1	0	↑	1/0	0	×	×	×	×	0/1	Q_D	Q_C	Q_B	左移
1	0	0	↑	×	×	×	×	×	×	Q_D^n	Q_C^n	Q_B^n	Q_A^n	保持

74LS194 双向移位寄存器逻辑功能的仿真测试电路如图 3.8.3 所示。

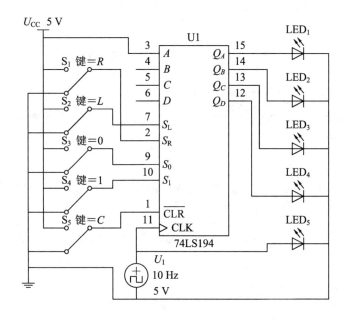

.3　74LS194 逻辑功能的仿真测试电路(LED 使用国家标准符号表示)

3.8.4　仿真测试

1. 双 D 触发器 74LS74 构成移位寄存器逻辑功能的仿真测试

在 Multisim 14 仿真平台上调取逻辑开关、发光二极管、时钟源、芯片 74LS74、电源和地线,按图 3.8.2 搭建如图 3.8.4 所示的仿真测试电路。

连接无误后,点击运行按钮"▶ ⏸ ⏹",按照 LED₁→LED₂→LED₃→ LED₄ 的顺序 LED 依次亮。仿真测试结果如图 3.8.5 所示。

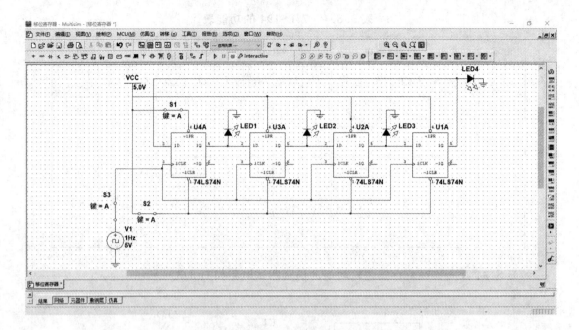

图 3.8.4　移位寄存器的仿真测试电路

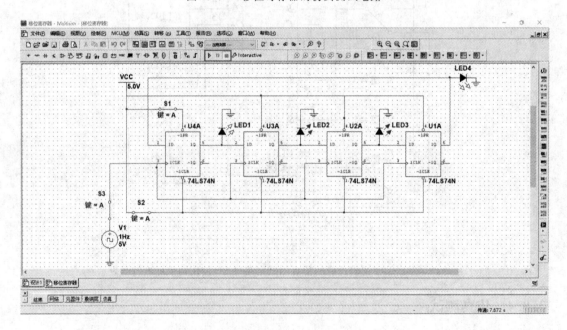

图 3.8.5　仿真测试结果

2. 4 位双向移位寄存器 74LS194 逻辑功能的仿真测试

在 Multisim 14 仿真平台上调取逻辑开关、发光二极管、时钟源、芯片 74LS194、电源和地线，按图 3.8.3 搭建如图 3.8.6 所示的仿真测试电路。

连接无误后，点击运行按钮"▶ ⏸ ⏹"，依照表 3.8.2 要求进行测试。仿真测试过程及结果分别如图 3.8.7 和表 3.8.2 所示。

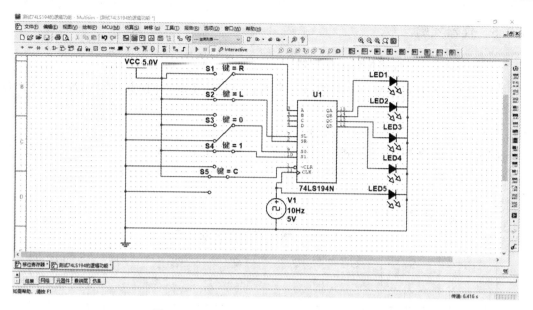

图 3.8.6　74LS194 逻辑功能的仿真测试电路

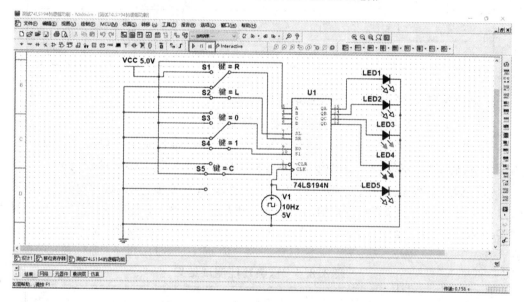

图 3.8.7　仿真测试过程

表 3.8.2　74LS194 逻辑功能的仿真测试结果

清零	模式		时钟	串	行	输		入		输		出		功能
$\overline{\text{CLK}}$	S_1	S_0	CP	S_L	S_R	D	C	B	A	Q_D	Q_C	Q_B	Q_A	
0	×	×	×	×	×	×	×	×	×	0	0	0	0	清零
1	1	1	↑	×	×	D	C	B	A	A	B	C	D	送数
1	0	1	↑	×	0/1	×	×	×	×	Q_C	Q_B	Q_A	0/1	右移
1	1	0	↑	1/0	0	×	×	×	×	0/1	Q_D	Q_C	Q_B	左移
1	0	0	↑	×	×	×	×	×	×	Q_D^n	Q_C^n	Q_B^n	Q_A^n	保持

3.8.5 仪器实验

1. 一个简单的 4 位移位环行计数器

用 74LS74 组成移位寄存器,使第一个输出端点亮 LED 并使其右移循环(在时钟控制下)。

(1) 将 4 个 74LS74 按图 3.8.2 连接,并进行实验。

(2) 加入 CP 脉冲(手动控制的单次脉冲或 1 Hz 连续脉冲),此时应看到各输出端 LED 发亮,顺序为 $LED_1 \rightarrow LED_2 \rightarrow LED_3 \rightarrow LED_4 \rightarrow LED_1$,即输出端显示移位循环一个高电平"1"。

将实验测试结果记入表 3.8.3 中。

表 3.8.3　移位寄存器的功能表

CP	S_1	S_2	Q_D	Q_C	Q_B	Q_A	功能
0							
0		$0 \rightarrow 1$					清零
0	$0 \rightarrow 1$						
1							移位

2. 移位寄存器 74LS194 逻辑功能的实验测试

按图 3.8.3 接线,并对 74LS194 的 5 种逻辑功能进行测试。

(1) 清零:令 $\overline{CLK}(\overline{R_D}) = 0$,其他输入为任意态,此时寄存器输出 Q_D、Q_C、Q_B、Q_A 应均为 0,然后使 $CLR(\overline{R_D}) = 1$。即该寄存器为异步复位且响应 $\overline{CLK}(\overline{R_D})$ 的低电平。

(2) 送数(并行输入):令 $\overline{CLK}(\overline{R_D}) = S_1 = S_0 = 1$,输入任意 4 位二进制数,如 $ABCD = 0111$,加上 CP 脉冲,观察寄存器输出状态的变化是否发生在 CP 脉冲的上升沿,输出是否为 $Q_A = A$、$Q_B = B$、$Q_C = C$、$Q_D = D$,即寄存器在进行并行装载的功能,并将观察结果记入表 3.8.4 中。

表 3.8.4　送数功能测试结果

CP	Q_D	Q_C	Q_B	Q_A
0				
$0 \rightarrow 1$				
$1 \rightarrow 0$				

(3) 右移:清零后,令 $\overline{R_D} = 1$,$S_1 = 0$,$S_0 = 1$,由右移输入端 S_R 送入二进制数 $ABCD = 0100$,在 CP 脉冲上升沿的作用下(给一个信号,送出一个脉冲)观察输出情况,并将实验观察结果填入表 3.8.5 中。

表 3.8.5 右移功能测试结果

CP	S_1	S_0	S_R	Q_D	Q_C	Q_B	Q_A
0	0	1	0				
1	0	1	1				
2	0	1	0				
3	0	1	0				
4	0	1	0				

（4）左移：先清零，再令 $\overline{CLK}(\bar{R}_D)=1$，$S_1=1$，$S_0=0$，由左移输入端 S_L 送入二进制数 1011，送一个数，加一个 CP 脉冲，在 CP 脉冲上升沿的作用下，实验观察输出情况并记入表 3.8.6 中。

表 3.8.6 左移功能测试结果

CP	S_1	S_0	S_L	Q_D	Q_C	Q_B	Q_A
0	0	1	0				
1	0	1	1				
2	0	1	0				
3	0	1	1				
4	0	1	1				

（5）保持：在寄存器输入端 A、B、C、D 预置任意 4 位二进制数 $ABCD=0011$，令 $\overline{CLK}(\bar{R}_D)=1$，$S_1=S_0=0$，加一个 CP 脉冲，观察寄存器输出状态 Q_D、Q_C、Q_B、Q_A 并将实验观察结果记入表 3.8.7 中。

表 3.8.7 保持功能测试结果

CP	Q_D	Q_C	Q_B	Q_A
0				
0→1				
1→0				

3.8.6 实验报告要求

（1）写明实验目的。

（2）写出实验仪器名称和型号。

（3）写出实验过程。

可否使用并行输入法? 若可行, 应如何进行操作? 画出实现操作的电路图。

3.8.7　拓展实验: 双向移位寄存器设计实验

通过 Multisim 14 仿真与仪器实验, 进一步学习 74LS194 的性能和简单设计方法, 掌握熟练电路调试方法。

1. 设计题目

用两片 74LS194 接成 8 位双向移位寄存器。

2. 设计内容和要求

(1) 写出设计电路原理。

(2) 先用 Multisim 14 软件搭建仿真电路, 再用仪器组装电路, 并调试电路。检验电路是否满足设计要求并演示。若不满足, 则重新调试, 使其满足设计题目要求。

(3) 写出实验报告。

3.9　计　数　器

【预习内容】

(1) 复习有关计数器的内容。

(2) 画出实验内容的线路图。

(3) 利用 Multisim 14 软件进行计数器仿真测试。

(4) 设计实验内容的测试记录表格。

3.9.1　实验目的

(1) 掌握中规模集成计数器的逻辑功能及使用方法。

(2) 学会运用集成电路芯片计数器构成 N 位十进制计数器的方法。

(3) 熟悉用 Multisim 14 软件和仪器进行计数器测试方法。

3.9.2　实验器材

序号	器材名称	型号与规格	数量	备注
1	计算机与 Multisim 14 软件		1	
2	多功能电子技术实验平台		1	
3	4 位二进制可预置同步计数器	74LS163	1	
4	BCD 码十进制同步加/减计数器	74LS192	1	
5	4 - 2 输入与非门	74LS00	1	

各集成电路芯片的引脚分布图如图 3.9.1 所示。

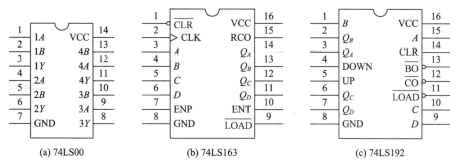

图 3.9.1　各集成电路芯片的引脚分布图

3.9.3　实验原理

计数器是一个用以实现计数功能的时序器件，它不仅可以用来记录脉冲的个数，还常用于数字系统的定时、分频和执行数字运算以及其他特定的逻辑功能。

计数器种类很多，按构成计数器中的各个触发器输出状态更新是否受同一个 CP 脉冲控制可分为：同步和异步计数器；根据计数制的不同可分为：二进制计数器、十进制计数器和任意进制计数器；根据计数的增减趋势可分为：加法、减法和可逆计数器。另外，还有可预置数和可编程序功能的计数器等。目前，无论是 TTL 还是 CMOS 集成电路，都有品种较齐全的中规模集成计数器芯片。例如，异步十进制计数器 74LS90，4 位二进制同步计数器 74LS93、CD4520，4 位十进制计数器 74LS160、74LS162，4 位二进制可预置同步计数器 CD40161、74LS161，74LS163，4 位 二 进 制 可 预 置 同 步 加/减 计 数 器 CD4510、CD4516、74LS191、74LS193，BCD 码十进制同步加/减计数器 74LS190、74LS192、CD40192 等。使用者只要借助于器件手册提供的功能表和工作波形图以及引出端的排列就能正确使用这些器件。

1. 4 位二进制可预置同步计数器 74LS163

74LS163 为 4 位二进制并行输出的计数器，它有并行装载输入和同步清零输入端。74LS163 的技术参数有：

（1）电源电压：$U_{cc} = 5$ V。

（2）应用测试温度范围：0℃～74℃。

（3）输入时钟频率：25 MHz。

（4）时钟脉冲宽度：25 ns。

（5）清零时钟脉冲宽度：20 ns。

74LS163 的功能表如表 3.9.1 所示。

表 3.9.1　74LS163 的功能表

输　　　入									输　　　出				
CLR	LOAD	ENP	ENT	CP	D	C	B	A	Q_D^{n+1}	Q_C^{n+1}	Q_B^{n+1}	Q_A^{n+1}	RCO
0	×	×	×	↑	×	×	×	×	0	0	0	0	0
1	0	×	×	↑	d_3	d_2	d_1	d_0	d_3	d_2	d_1	d_0	
1	1	1	1	↑	×	×	×	×	计数				
1	1	0	×	×	×	×	×	×	保持				
1	1	×	0	×	×	×	×	×	保持				0

2. 用二进制计数器 74LS163 构成十进制计数器

按图 3.9.2 连接，即用一个与非门，其两个输入取自 Q_A 和 Q_D，输出接清零端 $\overline{\text{CLR}}$。当第 9 个脉冲结束时，Q_A 和 Q_D 都为"1"，则与非门输出为低电平"0"加到 $\overline{\text{CLR}}$ 端，因 $\overline{\text{CLR}}$ 为同步清零端，此时虽已建立清零信号，但并不执行清零，只有第 10 个时钟脉冲到来后 74LS163 才被清零，这就是同步清零的意义所在。

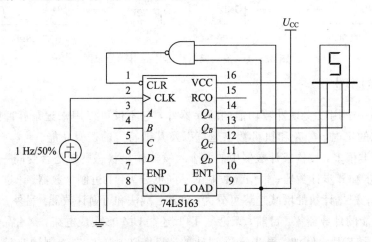

图 3.9.2　用二进制计数器 74LS163 构成十进制计数器

3. 用两个 74LS163 构成 2 位十进制计数器

用两个 74LS163 构成 2 位十进制计数器如图 3.9.3 所示。

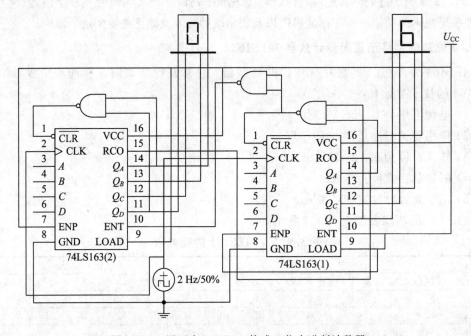

图 3.9.3　用两个 74LS163 构成 2 位十进制计数器

当右边(低位)计数器 1 记到 9 时(1001)，产生清零信号并同时使左边(高位)计数器的控制端 ENT 为高电平，计数器 2 开始计数，同样记到 9 时(1001)产生低电平清零信号使其清零，输出显示为 0，并同时产生一进位信号（RCO 为高电平），可将此信号加到一发光二极管显示其进位输出。计数器的 4 位输出可连接到实验箱上的 BCD 码七段译码显示器的 4 个输入端。

注意：计数器的 $Q_A \sim Q_D$ 和译码器的输入端 $A \cdot B \cdot$ 一列应连接。

3.9.4　仿真测试

1. 用二进制计数器 74LS163 构成十进制计数器的仿真测试

在 Multisim 14 仿真平台上调取时钟源、数码管、芯片 74LS00 和 74LS163、电源和地线，按图 3.9.2 搭建如图 3.9.4 所示的仿真测试电路。

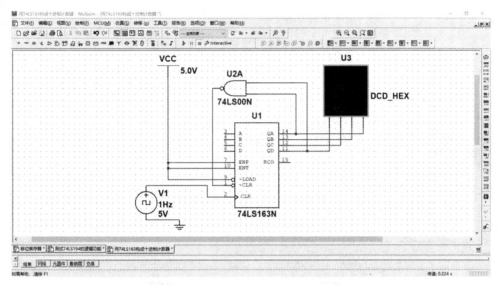

图 3.9.4　用二进制计数器 74LS163 构成十进制计数器的仿真测试电路

连接无误后，单击运行按钮"▷ ‖ ▢"，按十进制的计数，计数器计数到 9，然后重新计数。仿真测试结果如图 3.9.5 所示。

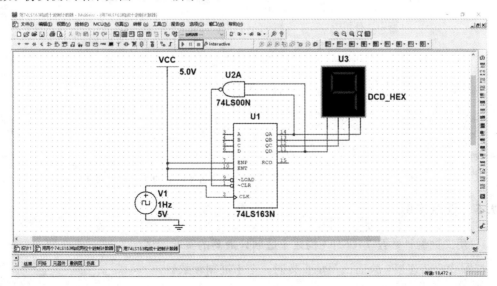

图 3.9.5　用二进制计数器 74LS163 构成十进制计数器的仿真测试结果

2. 用两个 74LS163 构成 2 位十进制计数器的仿真测试

按图 3.9.3 搭建仿真测试电路，如图 3.9.6 所示。

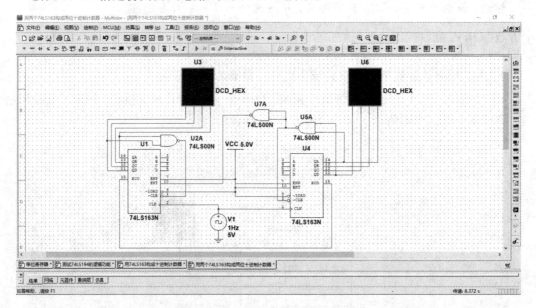

图 3.9.6　用两个 74LS163 构成 2 位十进制计数器的仿真测试电路

在运行仿真时，按两位十进制的计数，如图 3.9.7 所示。

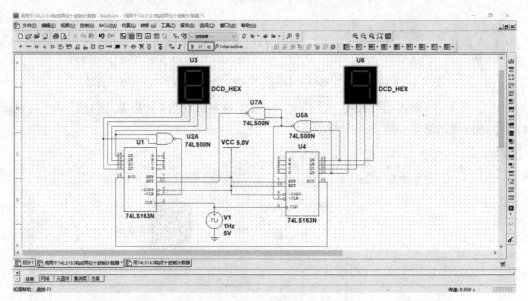

图 3.9.7　用两个 74LS163 构成 2 位十进制计数器的仿真测试结果

3.9.5　仪器实验

1. 用二进制计数器 74LS163 构成十进制计数器的实验测试

按图 3.9.2 连接，验证该图是否如同一个十进制计数器。

2. 用两个 74LS163 构成 2 位十进制计数器的实验测试

按图 3.9.3 组装电路，画出状态转换图。计数器的 4 位输出可连接到实验箱上的 BCD 码七段译码显示器的 4 个输入端。

注意：计数器的 $Q_A \sim Q_D$ 和译码器的输入端 $A \sim D$ 一一对应连接。

3.9.6　实验报告要求

（1）写明实验目的。

（2）写出实验仪器名称和型号。

（3）写出实验步骤和过程，并画出实验线路图。

（4）总结使用集成计数器的体会。

（5）分析图 3.9.8 所示计数器是几进制计数器。

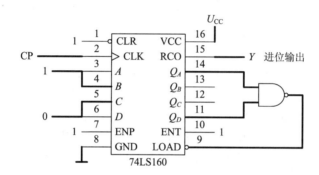

图 3.9.8　计数器

3.9.7　拓展实验：十二进制计时计数器设计实验

通过 Multisim 14 仿真与仪器实验，进一步学习掌握利用集成电路设计计数器的方法，熟练电路调试方法。

1. 设计题目

利用中规模集成电路和少量门电路设计一个计时用十二进制计数器。实现的方案可以有多种，下面举一个例子供参考。

74LS192 是十进制同步加/减计数器，具有双时钟输入十进制可逆计数功能；异步并行置数功能；保持功能和异步清零功能。74LS192 的功能表如表 3.9.2 所示。

表 3.9.2　74LS192 的功能表

| 输　　入 | | | | | | | | 输　　出 | | | | 功　　能 |
CLR	LOAD	UP	DOWN	D	C	B	A	Q_D^{n+1}	Q_C^{n+1}	Q_B^{n+1}	Q_A^{n+1}	
1	$\times$	$\times$	$\times$	$\times$	$\times$	$\times$	$\times$	0	0	0	0	异步清零
0	0	$\times$	$\times$	d_3	d_2	d_1	d_0	d_3	d_2	d_1	d_0	异步置数
0	1	$\uparrow$	1	$\times$	$\times$	$\times$	$\times$					加法计数
0	1	1	$\uparrow$	$\times$	$\times$	$\times$	$\times$					减法计数
0	1	1	1	$\times$	$\times$	$\times$	$\times$					保持

表 3.9.2 中符号和引脚符号的对应关系：

CLR：清零端；　　　　　　　　　$\overline{LOAD}$：置数端（装载端）；

UP：加计数脉冲输入端；　　　　DOWN：减计数脉冲输入端；

D、C、B、A：计数器输入端；　　Q_D、Q_C、Q_B、Q_A：计数器数据输出端。

（1）根据 74LS192 的功能表，测试其各种逻辑功能，了解芯片的使用方法。

计数脉冲由单次脉冲源提供，清零端 CLR、置数端$\overline{LOAD}$、数据输入端 A、B、C、D 分别接逻辑开关，输出端 Q_D、Q_C、Q_B、Q_A 接实验箱上的 BCD 码七段译码显示器的输入端 D、C、B、A，$\overline{CO}$和$\overline{BO}$接 0 - 1 指示器的插口，按 74LS192 的功能表逐项测试该集成电路的逻辑功能。

① 清零。令 CLR＝1，其他输入为任意状态，这时 $Q_D Q_C Q_B Q_A$＝0000，译码数字显示为 0。清零后令 CLR＝0。

② 置数。CLR＝0，输入端输入任意一组二进制数，令$\overline{LOAD}$＝0，观察显示输出，即输出显示为输入的一组二进制数；若是，则置$\overline{LOAD}$＝1。

③ 加计数。令 CLR＝0，$\overline{LOAD}$＝DOWN＝1，UP 接单次脉冲源，清零后送入 10 个脉冲，观察输出状态变化是否发生在 UP 的上升沿。

④ 减计数。令 CLR＝0，$\overline{LOAD}$＝UP＝1，DOWN 接单次脉冲源，清零后送入 10 个脉冲，观察输出状态变化减计数是否发生在 DOWN 脉冲的上升沿。

（2）用 74LS192 设计一特殊的十二进制的计数器（无"0"数），如图 4.9.9 所示。其原理是当计数器计到 13 时，通过与非门产生一个（装载置数信号）复位信号，使第二片 74LS192（是十位）直接置成 0000，而第一片 74LS192 计时的个位直接置成 0001，从而实现 1～12 的计数。

注意：将第一片 74LS192 的输出 $Q_D Q_C Q_B Q_A$ 接到实验箱上的 BCD 码七段译码显示器的输入端 D、C、B、A；按图 3.9.9 连接验证电路的正确性。

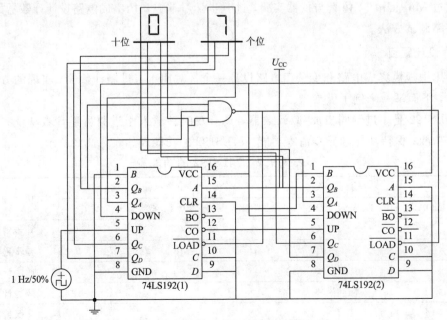

图 3.9.9　十二进制的计数器

2. 设计内容与要求

（1）写出设计电路原理和所选用的芯片型号。

（2）先用 Multisim 14 软件搭建仿真电路，再用仪器组装电路，并调试电路。检验电路是否满足设计要求并演示。若不满足，重新调试，使其满足设计题目要求。

（3）写出实验报告，并画出调试成功的设计电路。

3.10　脉冲分配器

【预习内容】

（1）复习有关脉冲分配器的原理。

（2）按实验任务要求，设计实验电路并画出逻辑图。

（3）利用 Multisim 14 软件进行计数器仿真测试。

（4）设计实验内容的测试记录表格。

3.10.1　实验目的

（1）熟悉集成电路时序脉冲分配器的使用方法及应用。

（2）学习步进电机的环行脉冲分配器的组成方法。

（3）熟悉用 Multisim 14 软件和仪器设备进行脉冲分配器及其应用测试方法。

3.10.2　实验器材

序号	器材名称	型号与规格	数量	备注
1	计算机与 Multisim 14 软件		1	
2	多功能电子技术实验平台		1	
3	数字示波器		1	
4	十进制计数器	CD4017	2	
5	双 D 触发器	CD4013	1	
6	4 - 2 输入与非门	CD4011	1	
7	六反相器	CD4069	1	

各集成电路芯片的引脚分布图如图 3.10.1 所示。

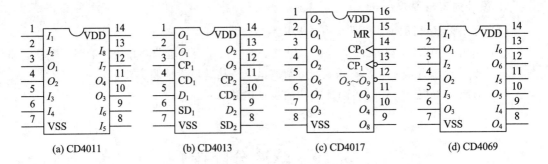

图 3.10.1　各集成电路芯片的引脚分布图

3.10.3　实验原理

脉冲分配器的作用是产生多路顺序脉冲信号,它可以由计数器和译码器组成,时钟 (CP)端上的系列脉冲经 n 位二进制计数器和相应的译码器,可以转变为 2^n 路顺序输出脉冲。其方框图如图 3.10.2 所示。

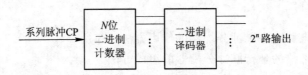

图 3.10.2　脉冲分配器的方框图

1. 时序脉冲分配器 CD4017

CD4017 是按 BCD 计数/时序译码器组成的分配器。它的真值表如表 3.10.1 所示。其引脚分布图如图 3.10.1(c)所示。其逻辑功能波形如图 3.10.3 所示。

表 3.10.1　CD4017 的真值表

CP_0	$\overline{CP_1}$	MR	输出 n
0	×	0	n
1	1	0	n
↑	0	0	$n+1$
↓	1	0	n
1	↓	0	$n+1$
1	↑	0	n
×	×	1	0

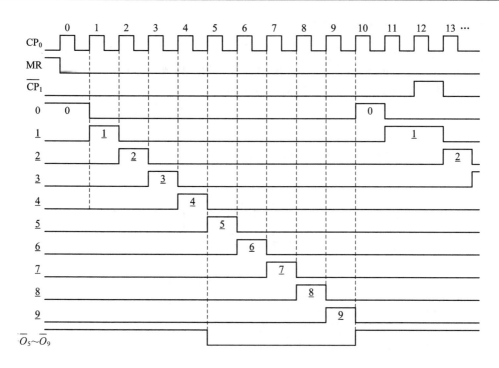

图 3.10.3　CD4017 的逻辑功能波形

CP_0：时钟端；

$\overline{CP_1}$：时钟禁止端；

MR：复位(RESET 或 CLEAR)端；

$\overline{O_5} \sim \overline{O_9}$：进位输出(CARRY OUT)；

CD4017 的特例：CD4017B 型是内含译码器的 5 级约翰逊(Johnson)十进制计数器。对于该计数器，当时钟禁止输入为低电平时，在时钟脉冲的上升阶段进位；当时钟禁止输入为高电平时，时钟被禁止。

关于复位，通过把复位输入做成高电平，时钟输入能够独立地进行。

CD4017 应用十分广泛，可用于十进制计数、分频、$1/N$ 计数($N = 2 \sim 10$，只需用一块，$N > 10$ 时，可用多块器件的级联)。图 3.10.4 为由两片 CD4017 组成的 60 分频电路。

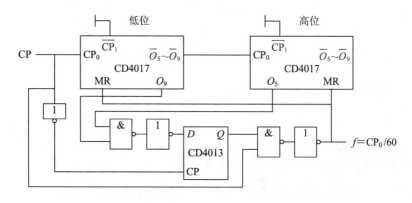

图 3.10.4　60 分频电路

2. 步进电动机的环行脉冲分配器

图 3.10.5 为某三相步进电动机的驱动电路的方框图。在图 3.10.5 中，A、B、C 分别表示步进电动机的三相绕组电平。步进电动机按三相六拍方式运行，即要求步进电动机正转时，令控制端 $X=1$，电机三相绕组的通电顺序为

$$A \rightarrow AB \rightarrow B \rightarrow BC \rightarrow C \rightarrow CA \rightarrow A$$

$$100 \rightarrow 110 \rightarrow 010 \rightarrow 011 \rightarrow 001 \rightarrow 101 \rightarrow 100$$

$$(A\overline{B}\overline{C} \rightarrow AB\overline{C} \rightarrow \overline{A}B\overline{C} \rightarrow \overline{A}BC \rightarrow \overline{A}\overline{B}C \rightarrow A\overline{B}C \rightarrow A\overline{B}\overline{C})$$

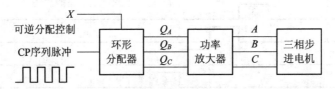

图 3.10.5　三相步进电动机的驱动电路的方框图

要求步进电动机反转时，令控制端 $X=0$，电机三相绕组的通电顺序为

$$A \rightarrow AC \rightarrow C \rightarrow BC \rightarrow B \rightarrow AB \rightarrow A \cdots\cdots$$

六拍通电方式的脉冲环行分配器可由两个 74LS76 JK 触发器构成，如图 3.10.6 所示（图中 S 为逻辑开关）。

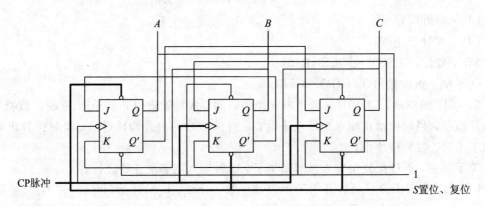

图 3.10.6　六拍通电方式的脉冲环行分配器

若要使步进电动机反转，脉冲分配器应如何连线？请自行考虑。

提示：通常应加有正转脉冲输入控制端和反转脉冲控制端。

3.10.4　仿真测试

1. 60 分频电路的仿真测试

在 Multisim 14 仿真平台上调取地线，时钟源，芯片 CD4017、CD4011、C4013、CD4069 及虚拟示波器，按图 3.10.4 搭建如图 3.10.7 所示的仿真测试电路。

连接无误后，单击运行按钮" ▶ ⏸ ⏹ "，仿真测试结果如图 3.10.8 所示。

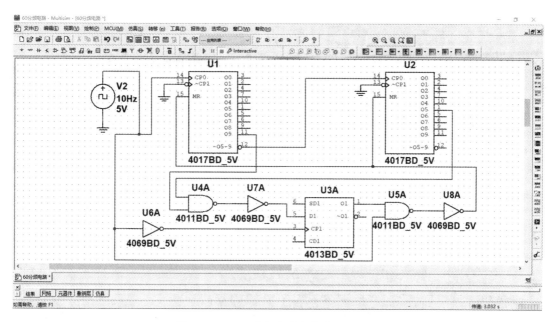

图 3.10.7　60 分频电路的仿真测试电路

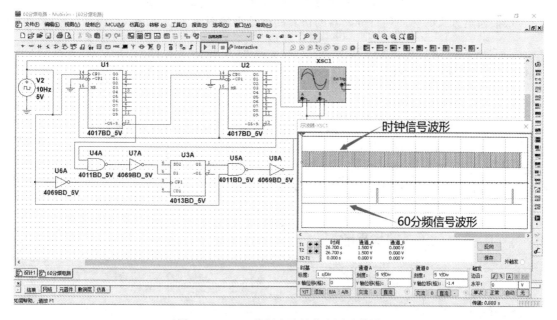

图 3.10.8　60 分频电路的仿真测试结果

2. 六拍通电方式的脉冲环行分配器

在 Multisim 14 仿真平台上调取时钟源、芯片 74LS76、虚拟示波器、电源和地线，按图 3.10.6 搭建如图 3.10.9 所示的仿真测试电路。

连接无误后，单击运行按钮"▶ ⏸ ⏹"，步进电动机按三相六拍方式运行，即

$$A \to AB \to B \to BC \to C \to CA \to A$$
$$100 \to 110 \to 010 \to 011 \to 001 \to 101 \to 100$$

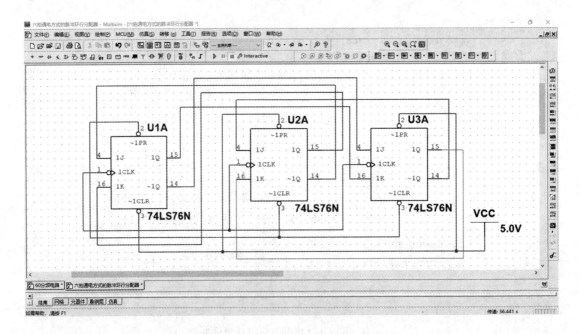

图 3.10.9 六拍通电方式的脉冲环行分配器的仿真电路

六拍通电方式的脉冲环行分配器的仿真测试结果如图 3.10.10 所示。

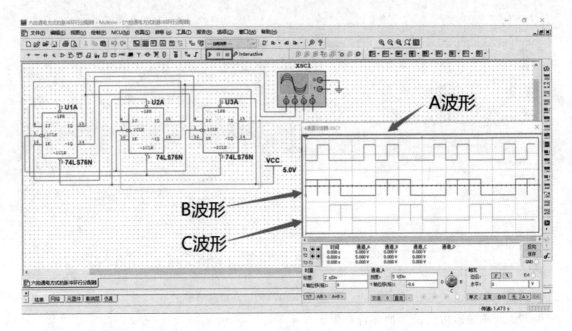

图 3.10.10 六拍通电方式的脉冲环行分配器的仿真测试结果

3.10.5 仪器实验

1. CD4017 逻辑功能的实验测试

按照 CD4017 的引脚分布图,加 5 V 电源,$\overline{CP_1}$ 接逻辑开关插口;CP_0 接单次脉冲源;

0～9 这 10 个输出接到 LED(0 - 1 指示器)的插口，按功能表的要求操作各逻辑开关。清零后，连续送出 10 个脉冲信号，观察 10 个 LED 的显示状态，并记录列表。

2. 观察

将 CP_0 改接为 1 Hz 连续脉冲，观察、记录输出状态。

3. 验证

按 60 分频电路接线，用示波器观察、验证该电路的正确性。

3.10.6 实验报告要求

(1) 写明实验目的。

(2) 写出实验仪器名称和型号。

(3) 写出实验步骤和过程，并画出实验线路图。

(4) 整理实验数据及表格。

(5) 总结、分析实验结果。

3.10.7 拓展实验：可预置的定时显示报警器设计实验

通过 Multisim 14 仿真与仪器实验，进一步学习时序逻辑电路简单设计方法，掌握熟练电路调试方法。

1. 设计题目

设计一个可预置的定时显示报警器，可预置的定时显示报警系统可用于任意定时系统，如篮球比赛规则中，队员持球时不能超过 24 s，则可预置 24 s，该方队员在 24 s 内未出手投篮，则报警，给运动员和裁判以准确信号。若在 24 s 内任一时刻出手投篮，则定时显示重新置 24 s，设计要求如下：

(1) 设计一个可预置 24 s 的显示报警系统，要求每次预置时间为 24 s，然后以秒为单位递减到 0，报警并停止计数。

(2) 在 24 s 递减到 0 期间，任意时刻内均可由一个置"24"的按钮，人为地置入"24"，然后接着递减。

(3) 报警音响为 1 s 的"嘀"声。

2. 设计内容和要求

(1) 写出设计电路原理。

(2) 先用 Multisim 14 软件搭建仿真电路，再用仪器组装电路，并调试电路。检验电路是否满足设计要求并演示。若不满足，则重新调试，使其满足设计题目要求。

(3) 写出实验报告，并画出调试成功的设计电路。

3.11 单稳态电路和施密特电路

【预习内容】

(1) 复习有关 555 定时器的工作原理和应用。

（2）拟定实验中所需的数据、波形及表格。

（3）预习各项实验的步骤和方法。

（4）利用 Multisim 14 软件进行单稳态电路和施密特电路仿真测试。

3.11.1　实验目的

（1）熟悉 555 定时器的电路结构、工作原理及其特点。

（2）学会 555 定时器的基本应用。

（3）熟悉用 Multisim 14 软件进行单稳态电路和施密特电路测试方法。

3.11.2　实验器材

序号	器材名称	型号与规格	数量	备注
1	计算机与 Multisim 14 软件		1	
2	多功能电子技术实验平台		1	
3	数字示波器		1	
4	信号发生器		1	
5	集成电路芯片	NE555		
6	电阻、电容		若干	

3.11.3　实验原理

555 定时器又称为集成定时器，它是一种数字、模拟混合型的中规模集成电路，也是一种产生时间延迟和多种脉冲信号的电路。由于内部电压标准使用 3 个 5 kΩ 电阻，故取名为 555 电路。其电路类型有双极型和 CMOS 型两大类，二者的结构与工作原理类似。几乎所有的双极型产品型号最后的三位数码都是 555 或 556，所有的 CMOS 产品型号最后四位数码都是 7555 或 7556，二者的逻辑功能和引脚排列完全相同，易于互换。555 和 7555 是单定时器，556 和 7556 是双定时器。双极型的电源电压范围为：5 V～15 V，输出的最大负载电流可达 200 mA，CMOS 型的电源电压范围为：3 V～18 V，但输出最大负载电流在 4 mA 以下。

555 定时器的内部电路结构及外部引脚分布图如图 3.11.1 所示。图 3.11.1(a) 与图 3.11.1(b) 的引脚功能关系是：1——接地端（GND）；2——触发端（U_{I2}＝TRI）；3——输出端（u_o＝OUT）；4——复位端（$\overline{R}$＝RES）；5——控制电压端（U_{CO}＝CON）；6——阈值端（U_{I1}＝THR）；7——放电端（u_o'＝DIS）；8——电源端（U_{CC}）。

555 定时器的内部电路由三部分组成：比较器 C_1 与 C_2 为第一部分（参考电压形成电路）；基本 RS 触发器为第二部分；集电极开路门输出的放电三极管 VT 和 G_3 为第三部分，输出驱动电路和放电开关管 VT 和 G_3 的作用是提高电路带负载的能力。

555 定时器主要是与电阻、电容构成充放电电路，并由两个比较器来检测电容器上的电压，以确定输出电平的高低和放电开关管的通断。这就很方便地构成从微秒到数分钟的延时电路，可方便地构成单稳触发器（单稳电路）、多谐振荡器、施密特触发器（施密特电

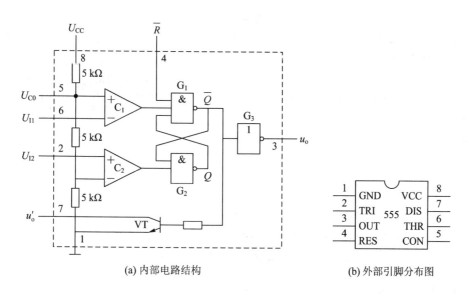

(a) 内部电路结构　　　　　　　　　　(b) 外部引脚分布图

图 3.11.1　555 定时器

路)等脉冲产生或波形变换电路。

1. 用 555 定时器设计的单稳态触发器

单稳态触发器具有稳态和暂稳态两个不同的工作状态。在外界触发脉冲作用下,它能从稳态翻转到暂稳态,在暂稳态维持一段时间之后,再自动返回稳态;暂稳态维持时间的长短取决于电路本身的参数,与触发脉冲的宽度和幅度无关。由于单稳态触发器具有这些特点,常用来产生具有固定宽度的脉冲信号。

按电路结构的不同,单稳态触发器可分为微分型和积分型两种,微分型单稳态触发器适用于窄脉冲触发,积分型适用于宽脉冲触发。无论是哪种电路结构,其单稳态的产生都源于电容的充放电原理。

用 555 定时器构成的单稳态触发器是负脉冲触发的单稳态触发器,如图 3.11.2 所示。

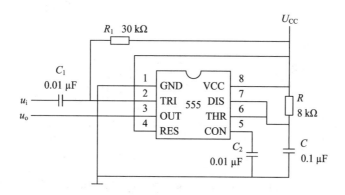

图 3.11.2　单稳态触发器

2. 用 555 定时器设计的施密特触发器

施密特触发器输出状态的转换取决于输入信号的变化过程,即输入信号从低电平上升的过程中,电路状态转换时,对应的输入电平 U_{T+} 与输入信号从高电平下降过程中对应的

输入转换电平 U_{T-} 不同，其中 U_{T+} 称为正向阈值电压，U_{T-} 称为负向阈值电压。另外，由于施密特触发器内部存在正反馈，所以输出电压波形的边沿很陡。

用 555 定时器构成的施密特触发器为反向传输的施密特触发器，正向阈值电压和负向阈值电压分别为

$$U_{T+} = \frac{2}{3}U_{CC}$$

$$U_{T-} = \frac{1}{3}U_{CC}$$

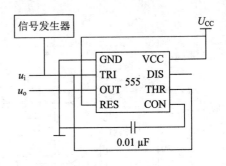

图 3.11.3 施密特触发器电路

施密特触发器电路(简称施密特电路)如图 3.11.3 所示。其输入信号接电路输入端 u_i，由信号发生器提供。电路输出端 u_o 接示波器，观察输出波形。

3.11.4 仿真测试

1. 单稳态触发器

在 Multisim 14 仿真平台上调取 555 定时器、电容、电阻、电源和地线及虚拟函数发生器和示波器，按图 3.11.2 搭建如图 3.10.4 所示的仿真测试电路。

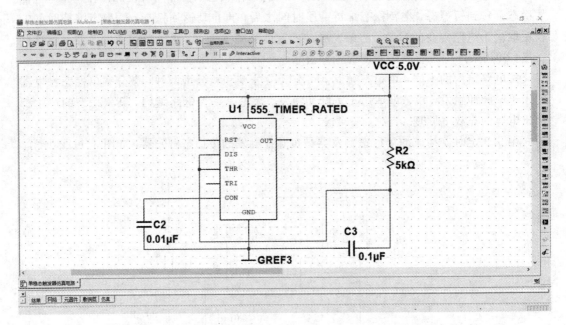

图 3.11.4 单稳态触发器的仿真测试电路

连接无误后，单击运行按钮"▶ ❚❚ ■"进行仿真。当输入频率为 1 kHz 的正弦波时，仿真测试结果分别如图 3.11.5~图 3.11.6 及如表 3.11.1 所示。

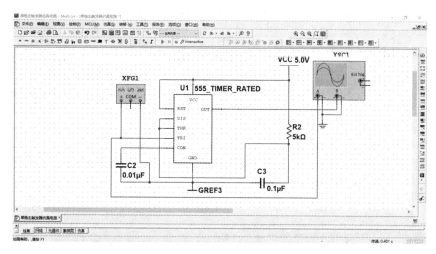

图 3.11.5　单稳态触发器的仿真测试结果(一)

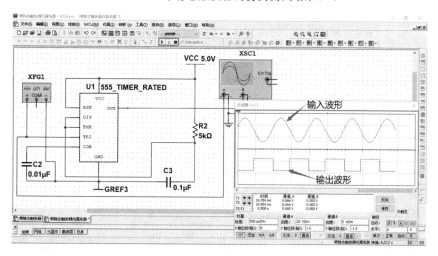

(a) $R = 5$ kΩ 时，$t_{\mathrm{w}} = 546.707$ μs

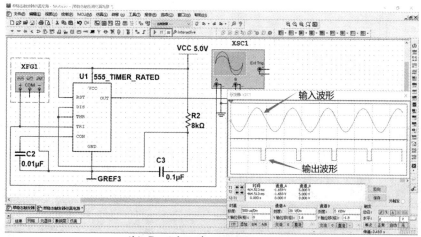

(b) $R = 8$ kΩ 时，$t_{\mathrm{w}} = 873.2703$ μs

图 3.11.6　单稳态触发器的仿真测试结果(二)

表 3.11.1 单稳态触发器的仿真测试结果(一)

单稳	$R=8\ \text{k}\Omega$ $C=0.1\ \mu\text{F}$	$R=5\ \text{k}\Omega$ $C=0.1\ \mu\text{F}$
输入波形	正弦波	正弦波
输出波形	方波	方波
$t_{\text{w}}/\mu\text{s}$	873.2703	546.707
输出频率	1 kHz	1 kHz
占空比	0.31	0.31

当输入频率为 1 kHz 的方波时,仿真测试结果分别如图 3.11.7 及表 3.11.2 所示。

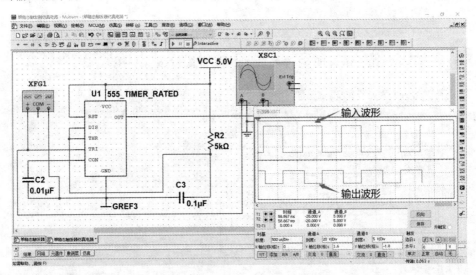

(a) $R=5$ kΩ 时,$t_{\text{w}}=546.707\ \mu\text{s}$

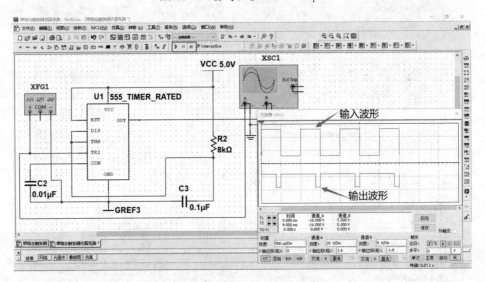

(b) $R=8$ kΩ 时,$t_{\text{w}}=873.2703\ \mu\text{s}$

图 3.11.7 单稳态触发器的仿真测试结果(三)

表 3.11.2　单稳态触发器的仿真测试结果(二)

单稳	$R=8\text{ k}\Omega$	$R=5\text{ k}\Omega$
	$C=0.1\ \mu\text{F}$	$C=0.1\ \mu\text{F}$
输入波形	方波	方波
输出波形	方波	方波
$t_\text{W}/\mu\text{s}$	873.2703	546.707
输出频率	1 kHz	1 kHz
占空比	0.31	0.31

当输入频率为 1 kHz 的三角波时,仿真测试结果分别如图 3.11.8 及如表 3.11.3 所示。

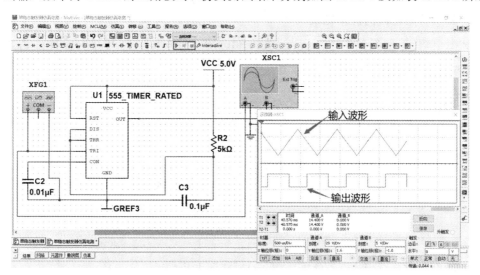

(a) $R=5\text{ k}\Omega$ 时,$t_\text{w}=546.707\ \mu\text{s}$

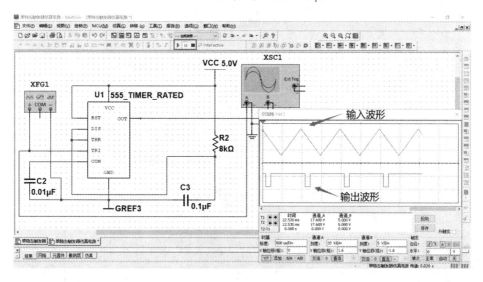

(b) $R=8\text{ k}\Omega$ 时,$t_\text{w}=873.2703\ \mu\text{s}$

图 3.11.8　单稳态触发器的仿真测试结果(四)

表 3.11.3 单稳态触发器的仿真测试结果(三)

单稳	$R=8\ \text{k}\Omega$	$R=5\ \text{k}\Omega$
	$C=0.1\ \mu\text{F}$	$C=0.1\ \mu\text{F}$
输入波形	三角波	三角波
输出波形	方波	方波
$t_\text{w}/\mu\text{s}$	873.2703	546.707
输出频率	1 kHz	1 kHz
占空比	0.31	0.31

2. 施密特触发器的仿真测试

按"1. 单稳态触发器"中的方法,在 Multisim 14 仿真平台上调取元件并搭建如图 3.11.9 所示的仿真测试电路。

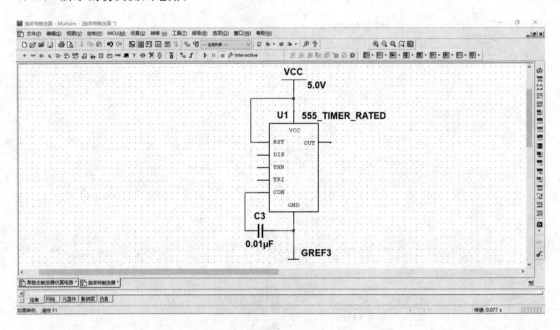

图 3.11.9 施密特触发器的仿真测试电路

施密特触发器的仿真测试结果分别如图 3.11.10 和表 3.11.4 所示。

表 3.11.4 施密特触发器的仿真测试结果

输入波形	输入正弦波	输入三角波
输出波形	方波	方波
$U_\text{T+}/\text{V}$	3.33	3.33
$U_\text{T-}/\text{V}$	1.67	1.67
$\Delta U_\text{T}/\text{V}$	1.67	1.67

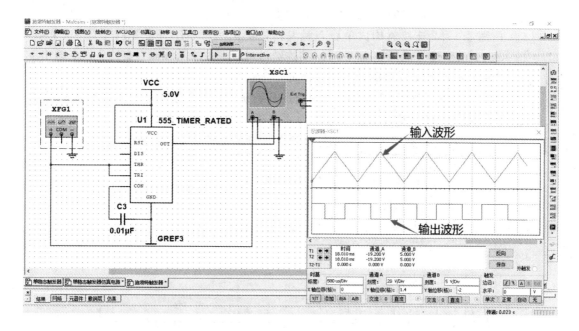

（a）输入三角波

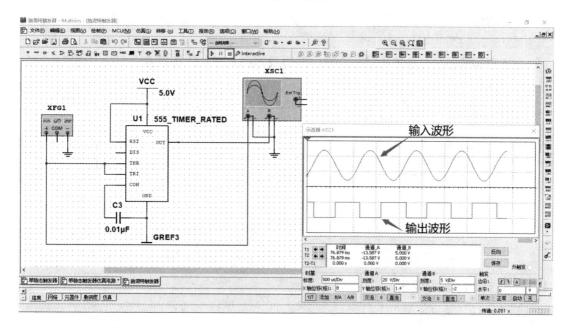

（b）输入正弦波

图 3.11.10　施密特触发器的仿真测试结果

3.11.5　仪器实验

1. 单稳态触发器

用 555 定时器构成的单稳态触发器是负脉冲触发的单稳态触发器，并且暂稳态维持时

间为 $t_w = \ln RC = 1.1RC$，即仅与电路本身的参数 R、C 有关。

（1）按图 3.11.2 连接就构成单稳态触发器，取 $R_1 = 30 \text{ k}\Omega$，$R = 8 \text{ k}\Omega$，$C = 0.1 \mu\text{F}$，$C_1 = C_2 = 0.01 \mu\text{F}$。输入信号 u_i 加 1 kHz 的连续脉冲，用双踪示波器观察输入 u_i、输出 u_o 波形，测定输出波形幅度、频率与暂稳态时间 t_w 及占空比 q。

（2）将 R 改变为 5 kΩ，输入端加 1 kHz 的连续脉冲，用双踪示波器观察输入 u_i、输出 u_o 波形，测定幅度、频率及暂稳态时间 t_w 及占空比 q，记入表 3.11.5 中。

表 3.11.5 单稳态触发器的实验测试结果

单稳	$R = 8 \text{ k}\Omega$	$R = 5 \text{ k}\Omega$
	$C = 0.1 \mu\text{F}$	$C = 0.1 \mu\text{F}$
输入波形		
输出波形		
t_w		
输出频率		
占空比		

2. 用 555 设计的施密特触发器

（1）按图 3.11.3 连接施密特触发器电路后，信号发生器提供输入信号分别为正弦波、三角波，频率均为 1 kHz。

（2）用示波器接电路输出端 u_o，观察输出波形并记录，计算回差电压值。施密特触发器的实验测试结果记入表 3.11.6 中。

表 3.11.6 施密特触发器的实验测试结果

输入波形	输入正弦波	输入方波	输入三角波
输出波形			
U_{T+}			
U_{T-}			
ΔU_T			

3.11.6 实验报告要求

（1）写明实验目的。

（2）写出实验仪器名称和型号。

（3）写出实验步骤和过程，并画出实验线路图。

（4）整理实验数据及表格。

（5）总结、分析实验结果，并简述实验体会。

3.11.7 拓展实验：带数显的洗衣机控制电路设计实验

通过 Multisim 14 仿真与仪器实验，进一步学习实践单稳态电路和施密特电路简单设计方法，掌握熟练电路调试方法。

1. 设计题目

洗衣机在洗涤的过程中，洗涤电动机按一定规律："正转 → 停 → 反转 → 停 → 正转……"，直到洗涤定时时间到，便自动停止工作。

本洗衣机控制电路仅对洗衣过程中的洗涤程序进行控制，至于其他（如脱水等）过程不做要求。

（1）洗涤时间：1 min～20 min 任意设置，采用两位数码显示器，动态显示洗涤剩余时间。

（2）洗涤电动机运转规律：正转 20 s→停 10 s→反转 20 s→停 10 s→正转 20 s……

（3）用 3 只发光二极管表示洗涤电动机的运转规律。

（4）设定的洗涤时间一到，整个控制器应停止工作。

2. 设计内容和要求

（1）写出设计电路原理。

（2）先用 Multisim 14 软件搭建仿真电路，再用仪器组装电路，并调试电路。检验电路是否满足设计要求并演示。若不满足，重新调试，使其满足设计题目要求。

（3）写出实验总结报告，并画出调试成功的设计电路。

3.12　十字路口交通灯电路设计

【预习内容】

（1）熟悉 Multisim 14 软件功能。

（2）复习有关时序逻辑电路的设计。

（3）了解计数器、译码器和显示器件。

3.12.1　实验目的

（1）熟练使用 Multisim 14 软件进行时序逻辑电路仿真测试。

（2）掌握用数字集成器件实现时序逻辑电路设计的方法。

（3）掌握用计数器、译码器和显示器件进行电路仿真的方法。

3.12.2　实验器材

序号	器材名称	型号与规格	数量	备注
1	计算机与 Multisim 14 软件		1	
2	数码管	DCD_HEX	1	
3	集成电路芯片	74LS138D、74LS169N、7404N	若干	
4	TTL 非门	74LS04D	若干	

各集成电路芯片的引脚分布图如图 3.12.1 所示。

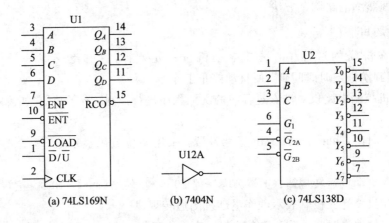

图 3.12.1 各集成电路芯片的引脚分布图

3.12.3 实验原理

实现一个十字路口交通灯的电路设计，能够控制十字路口各个方向的红、黄、绿三色灯按实际运行规律进行切换。其要求如下：

（1）设计一个振荡电路，能产生时钟信号，提供给整个系统工作。

（2）设计一个计数器，能够实现倒计时，并能通过数码管显示。

（3）设计逻辑控制电路，能够切换红灯、黄灯、绿灯等，并通过门控电路控制交通灯的闪烁。

十字路口交通灯的安装示意图如图 3.12.2 所示。其时序示意图如图 3.12.3 所示。路口某方向绿灯显示（另一方向亮红灯）20 s 后，绿灯以占空比为 50% 的 1 s 周期（0.5 s 脉冲宽度）闪烁 3 次（另一方向亮红灯），然后变为黄灯亮 2 s（另一方向红灯亮），如此循环工作。

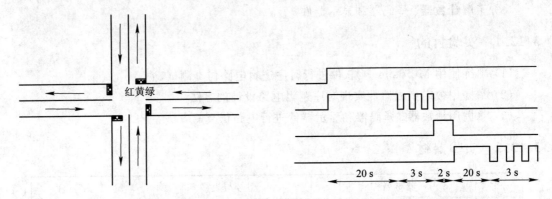

图 3.12.2 十字路口交通灯的安装示意图   图 3.12.3 十字路口交通灯的时序示意图

现以某一交通灯电路设计为例给出用 Multisim 14 仿真实现的电路图，如图 3.12.4 所示。其直接采用信号发生器产生时钟信号路。本实验中采用 74LS169N 为倒计时的减计数的芯片，通过设置 74LS169N 的 1 脚（即 $\overline{D/U}$）为低电平，实现减计数；"个位"的 74LS169N 在倒计数计到 0 后通过 15 脚（即 $\overline{RCO}$）产生一个溢出信号，提供给 9 脚（即 $\overline{LOAD}$）一个脉冲信号，实现预置数的装载；同时给"十位"的 74LS169N 一个 CLK 信号，

"十位"减 1。注意"个位"的预置数值并不是都相同，与当前的状态有关，当为红灯和绿灯的时候，预置数都为 9。而当前为黄灯的时候，预置数为 2，可通过另外一个计数器来标志现在所处在的状态，即采用另一个计数器 74LS169N 实现二进制计数，并将计数的值通过 74LS138D 进行译码。74LS138D 输出的值可以用来提供红、绿、黄的显示，也可以提供给逻辑判断电路来实现不同状态计数器预置数的切换。交通灯的闪烁可以通过一个门控电路实现，用一个 74LS08 的与门进行控制输出脉冲信号。

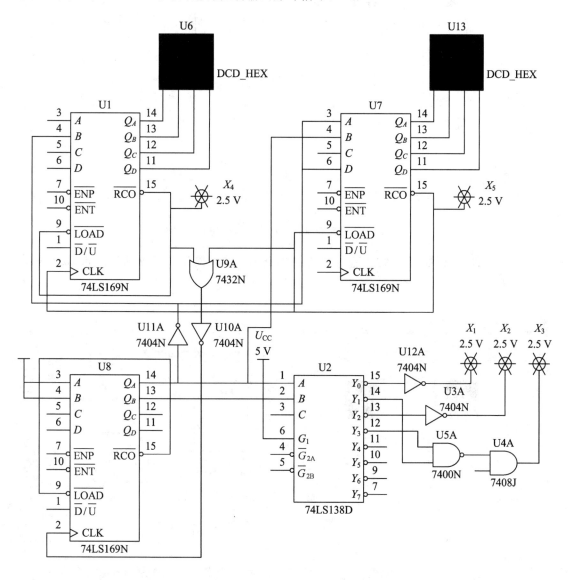

图 3.12.4　十字路口某一方向交通灯的电路图

3.12.4　仿真测试

在 Multisim 14 仿真平台上调取芯片 74LS169N、74LS138D、7404N、7408J，小灯泡，虚拟函数发生器，电源和地线，按图 3.12.4 搭建如图 3.12.5 所示的仿真测试电路。

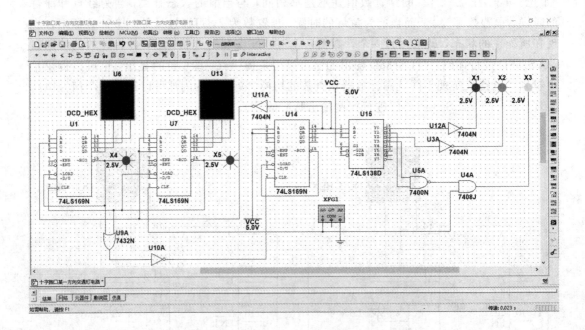

图 3.12.5　十字路口某一方向交通灯的仿真测试电路

单击元件工具栏中的"▶ ⏸ ⏹"按钮进行仿真，仿真测试结果分别如图 3.12.6～图 3.12.8 所示。

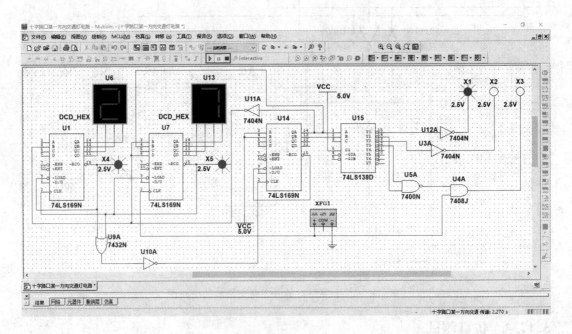

图 3.12.6　红灯

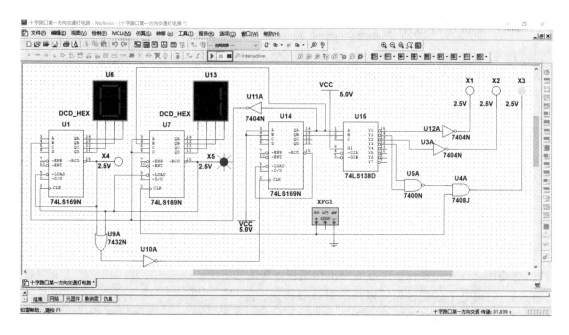

图 3.12.7　黄灯

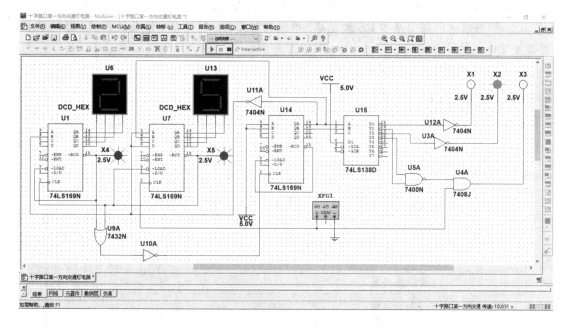

图 3.12.8　绿灯

3.12.5　仪器实验

（1）按图 3.12.4 组装电路，并认真检查。

（2）进行实验测试并将实验现象与仿真结果进行比较，观察仿真与实验结果是不是一致。

3.12.6 实验报告要求

(1) 写明实验目的。

(2) 写明实验仪器名称和型号。

(3) 写出实验体会,分析实验中调试发现的问题是如何解决的。

3.13 电 子 秒 表

【预习内容】

(1) 熟悉 Multisim 14 软件功能。

(2) 复习数字电路中基本 RS 触发器、单稳态触发器、时钟发生器及计数器等内容。

(3) 除了实验中所采用的时钟源外,选用另外两种不同类型的时钟源,供本实验用,画出电路图,选取元器件。预习电路工作原理,并简述之。

(4) 列出电子秒表各单元电路的测试表格。

(5) 列出调试电子秒表的步骤。

3.13.1 实验目的

(1) 熟练使用 Multisim 14 软件进行电子秒表仿真测试。

(2) 学习数字电路中基本 RS 触发器、单稳态触发器、时钟发生器及计数器、译码显示器等单元电路的综合应用。

(3) 学习电子秒表的调试方法。

3.13.2 实验器材

序号	器材名称	型号	数量	备注
1	计算机与 Multisim 14 软件		1	
2	直流电源		1	
3	数字示波器		1	
4	直流电压表		1	
5	频率计		1	
6	单次脉冲源		1	
7	连续脉冲源		1	
8	逻辑电平开关		若干	
9	译码显示器		1	
10	0-1 指示器		若干	
11	集成电路芯片	74LS00N、NE555、74LS290N	若干	

3.13.3　实验原理

图 3.13.1 为电子秒表的电路原理图。按功能其可分成以下四个单元电路进行分析。

1. 基本 RS 触发器

图 3.13.1 中单元 I 为集成与非门构成的基本 RS 触发器，属于低电平直接触发的触发器，有直接置位、复位的功能。它的一路输出 $\overline{Q}$ 作为单稳态触发器的输入；另一路输出 Q 作为与非门 5 的输入控制信号。

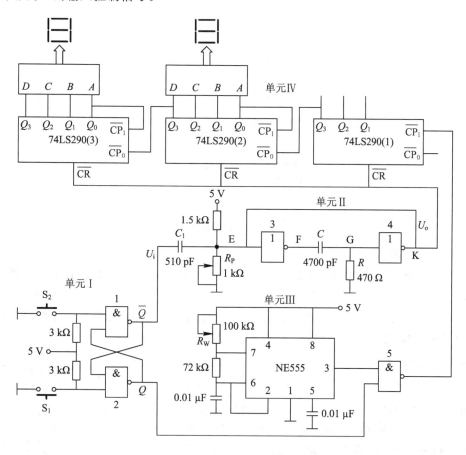

图 3.13.1　电子秒表的电路原理图

按动按钮开关 S_2（接地），则门 1 输出 $\overline{Q}=1$；门 2 输出 $Q=0$；S_2 复位后，Q、$\overline{Q}$ 状态保持不变。再按下按钮开关 S_1，则 Q 由 0 变为 1，门 5 开启，为启动计数器做好准备。$\overline{Q}$ 由 1 变 0，送出负脉冲，启动单稳态触发器工作。基本 RS 触发器在电子秒表中的作用是启动和停止秒表的工作。

2. 单稳态触发器

图 3.13.1 中单元 II 为用集成与非门（或者用集成非门）构成的微分型单稳态触发器，图 3.13.2 为各点波形图。单稳态触发器的输入触发负脉冲信号 U_i 由基本 RS 触发器 $\overline{Q}$ 端提供，输出负脉冲 U_o 则加到计数器的异步清除端 $\overline{CR}$。

静态时，门4应处于截止状态，故电阻 R 必须小于门的关门电阻 R_{Off}，定时元件 RC 取值不同，输出脉冲宽度也不同。当触发脉冲宽度小于输出脉冲宽度时，可以省去输入微分电路的 R_P 和 C_P。

单稳态触发器在电子秒表中的作用是为计数器提供清零信号。

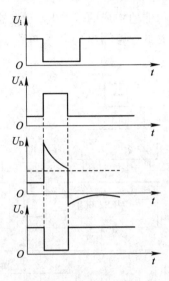

图 3.13.2 各点波形图

3. 时钟发生器

图 3.13.1 中单元 Ⅲ 为用 555 定时器构成的多谐振荡器，是一种性能较好的时钟源。调节电位器 R_W，使在 555 定时器的输出端 3 获得频率为 50 Hz 的方波信号，当基本 RS 触发器 $Q=1$ 时，门 5 开启，此时 50 Hz 的方波信号通过门 5 作为计数脉冲加于计数器 74LS196 (1) 的计数输入端 $\overline{CP}_1$。

4. 计数及译码显示

二—五—十进制计数器 74LS290N 构成电子秒表的计数单元，如图 3.13.1 中单元 Ⅳ 所示。其中计数器 74LS290N(1) 接成五进制形式，对频率为 50 Hz 的时钟脉冲进行五分频，在输出 Q_3 取得周期为 0.1 s 的矩形脉冲，作为计数器 74LS290N(2) 的时钟输入，计数器 74LS290N(2) 及计数器 74LS290N(3) 接成 8421 码十进制形式，其输出端与实验箱上的译码显示器的输入端连接，可显示 0.1 s～0.9 s，1 s～9.9 s 计时。74LS290N 的引脚分布图如图 3.13.3 所示。

图 3.13.3 74LS290N 的引脚分布图

计数时，$S_{9A}/S_{9B}/R_{0A}/R_{0B}$ 置低电平，在 $\overline{CP}_0$、$\overline{CP}_1$ 下降沿时进行计数：

(1) 二进制计数：将计数脉冲由 CP_0 输入，由 Q_0 输出。

(2) 五进制计数：将计数脉冲由 CP_1 输入，由 Q_3、Q_2、Q_1 输出。

(3) 8421BCD 码十进制计数：将 Q_0 与 CP_0 相连，计数脉冲由 CP_0 输入。

(4) 5421BCD 码十进制计数：将 CP_0 和 Q_3 相连，计数脉冲由 CP_1 输入。

3.13.4　仿真测试

在 Multisim 14 仿真平台上调取芯片 74LS290N、7404N、7400N，555 定时器，逻辑开关，电阻，电容，电源和地线，按图 3.13.1 搭建如图 3.13.4 所示的仿真测试电路。

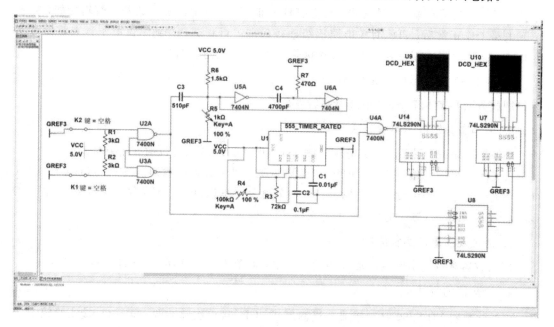

图 3.13.4　电子秒表的仿真测试电路

单击元件工具栏中"▶ ⏸ ⏹"按钮进行仿真，如图 3.13.5 所示，电子秒表进行计数。

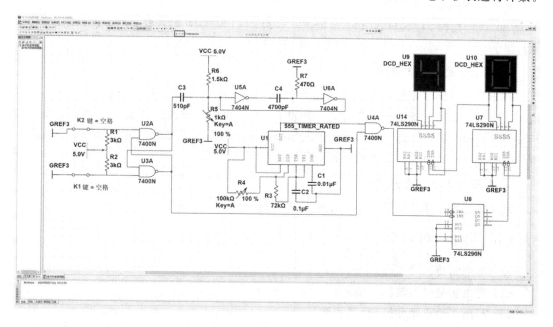

图 3.13.5　电子秒表的仿真测试结果

3.13.5 仪器实验

由于电路中使用器件较多，实验前必须合理安排各器件在实验箱上的物理位置，使电路逻辑清楚，接线较短。实验时，应按照实验任务的次序，将各单元电路逐个进行接线和调试，即分别测试基本 RS 触发器、单稳态触发器、时钟发生器及计数器的逻辑功能，待各单元电路工作正常后，再将有关电路逐级连接起来进行测试，直到测试电子秒表整体电路的功能。这样的测试方法有利于检查和排除故障，保证实验顺利进行。

1. 基本 RS 触发器的实验测试

测试方法参考 3.7 节的"集成电路触发器"。

2. 单稳态触发器的实验测试

(1) 静态测试：用直流数字电压表测量 E、F、G、K 各点电位值，并记录其值。

(2) 动态测试：输入端接 1 kHz 连续脉冲源，用示波器观察并描绘 G 点(U_D)、K 点(U_o)波形。若单稳态触发器输出脉冲持续时间太短，难以观察，则可适当加大微分电容 C（如改为0.1 μF），待测试完毕后，再恢复 4700 pF。

3. 时钟发生器的实验测试

用示波器观察输出电压波形并测量其频率，调节 R_W，使输出方波的频率为 50 Hz。

4. 计数器的测试

(1) 计数器 74LS290N(1)接成五进制形式，$\overline{CP_1}$ 接单次脉冲源，$Q_3 \sim Q_0$ 接实验箱上的译码显示器的输入端 C、B、A，测试其逻辑功能，并记录。

(2) 计数器 74LS290N(2)及计数器 74LS290N(3)接成 8421 码十进制形式，同步骤(1)进行逻辑功能测试，并记录。

(3) 将计数器 74LS290N(1)、74LS290N(2)、74LS290N(3)级联，进行逻辑功能测试，并记录。

5. 电子秒表的整体测试

各单元电路测试正常后，按图 3.13.1 把几个单元电路连接起来，进行电子秒表的总体测试。先按一下按钮开关 S_2，此时电子秒表不工作。再按一下按钮开关 S_1，则计数器清零后便开始计时，观察数码管显示计数情况是否正常。如果不需要计时或暂停计时，则按一下开关 S_2，计时立即停止，但数码管保留所计时之值。

6. 电子秒表准确度的测试

利用电子钟或手表的秒计时对电子秒表进行校准。

3.13.6 实验报告要求

(1) 写明实验目的。
(2) 写出实验仪器名称和型号。
(3) 写出实验步骤和过程。
(4) 写出实验体会，分析实验中调试发现的问题是如何解决的，即排除故障的方法。

第 4 章　基于 FPGA 的数字电子技术实验

【教学提示】本章主要介绍 FPGA 开发环境 Quartus Ⅱ 9.0（简称 Quartus Ⅱ）软件的安装与应用，以及基于 FPGA 的全加器、触发器、计数器、乘法器、锁存器、数码管、表决器和交通灯等数字电子技术实验方法与过程。

【教学要求】了解 Quartus Ⅱ 软件的安装，掌握基于 FPGA 的数字电子技术实验方法，会进行程序的编写与调试。

【教学方法】要求学生进行预习，可课内、课外相结合。

4.1　Quartus II 软件的安装与操作

【预习内容】

准备好 Quartus Ⅱ 9.0 软件的安装包和破解文件；预习 D 触发器的真值表，思考拨动 D 触发器的输入，输出会有什么变化。

4.1.1　实验目的

学会安装 Quartus Ⅱ 9.0 软件，并对软件操作有初步认识，能成功下载程序建立工程，并实现 D 触发器的功能。

4.1.2　实验器材

序号	器材名称	型号与规格	数量	备注
1	多功能电子技术实验平台		1	
2	计算机		1	

4.1.3　实验内容

1. Quartus Ⅱ 9.0 软件的安装及权限（仅限学习）获取

1）安装

打开安装包的下的安装文件 setup.exe，出现 Quartus Ⅱ 9.0 软件的初始安装界面，如图 4.1.1 所示。

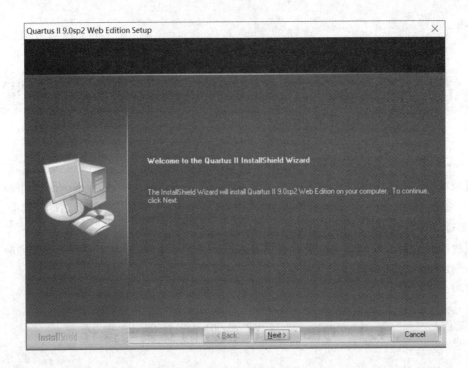

图 4.1.1　初始安装界面

点击"Next"按钮，选择接受协议并点击"Next"按钮，如图 4.1.2 所示。

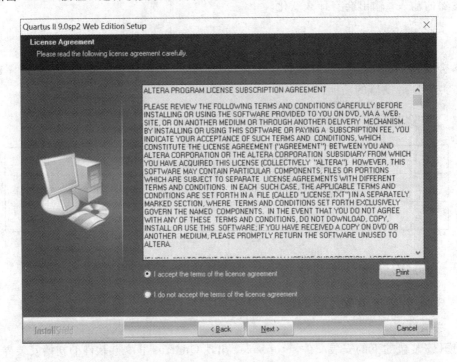

图 4.1.2　接受协议

填写用户及公司名称，如图 4.1.3 所示。

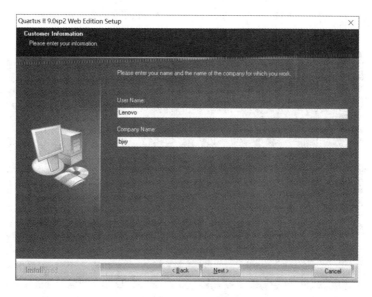

图 4.1.3　填写信息

点击"Browse"按钮选择 Quartus Ⅱ 9.0 软件的安装路径，如图 4.1.4 所示。

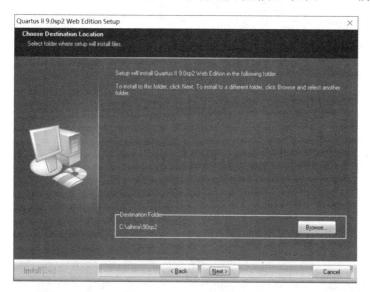

图 4.1.4　选择安装路径

项目安装路径与安装类型选择系统默认，点击"Next"按钮即可开始安装，如图 4.1.5 所示。

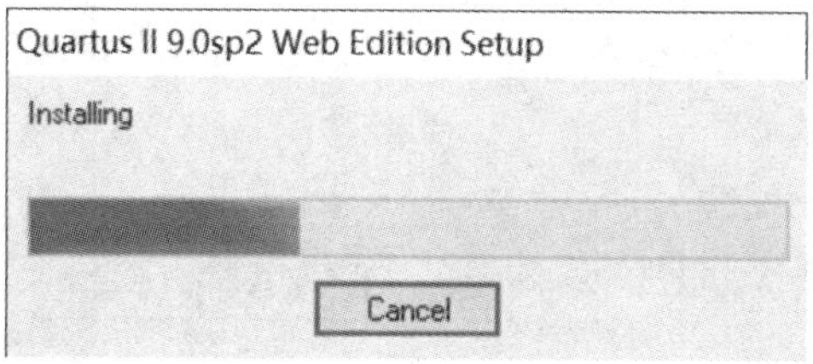

Quartus II 9.0sp2 Web Edition Setup

Installing

Cancel

图 4.1.5　开始安装

安装完成后显示界面如图 4.1.6 所示，点击"Finish"按钮即可完成安装。

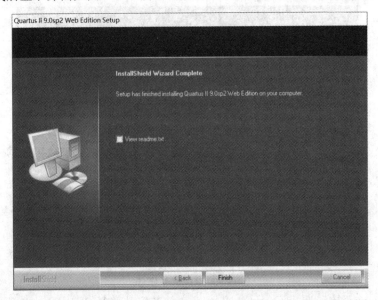

图 4.1.6　安装成功

2）获取使用权限

打开安装包"获取使用权限"目录下的 license 文件，如图 4.1.7 所示。

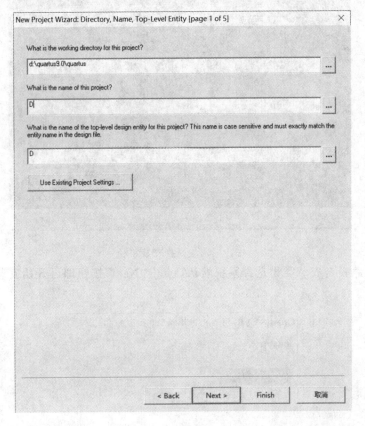

图 4.1.7　打开 license 文件

license 文件内容如图 4.1.8 所示。

图 4.1.8　license 文件内容

将图 4.1.8 中方框选中的内容替换为所使用的电脑的物理地址（电脑物理地址查询方法是：打开 cmd 界面，输入"ipconfig/all"，如图 4.1.9 所示）。

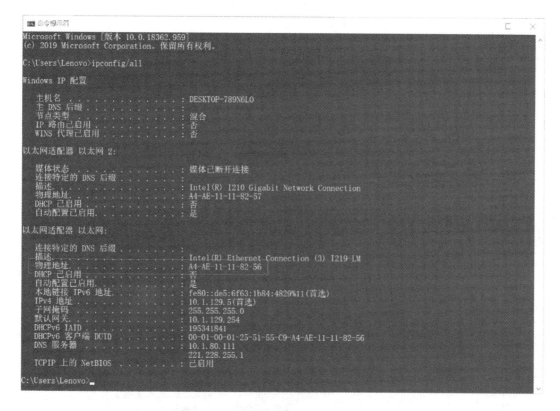

图 4.1.9　物理地址查询方法

将修改过后的 license 文件复制到 Quartus Ⅱ 9.0 软件的安装目录下，如图 4.1.10 所示（图中方框内为软件安装路径）。

接下来打开安装好的 Quartus Ⅱ 9.0 软件，在"Tools"菜单下选择"License Setup"命令，如图 4.1.11 所示。

打开后的"License Setup"界面如图 4.1.12 所示。按照图中所标示的"步骤 1""步骤 2""步骤 3"将 license 文件添加进软件。

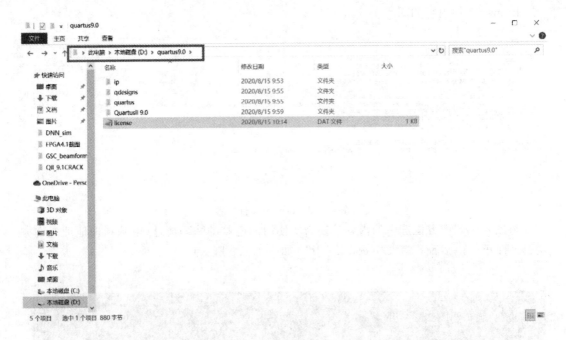

图 4.1.10　复制 license 文件

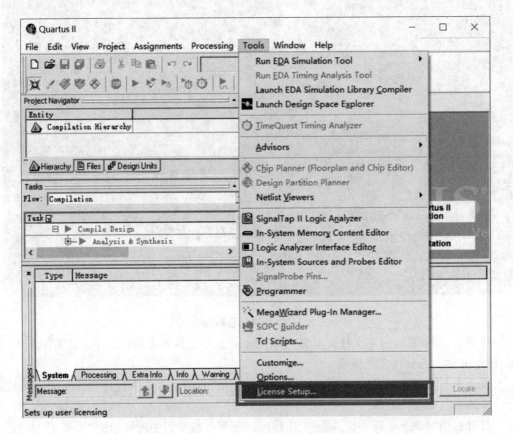

图 4.1.11　选择"License Setup"命令

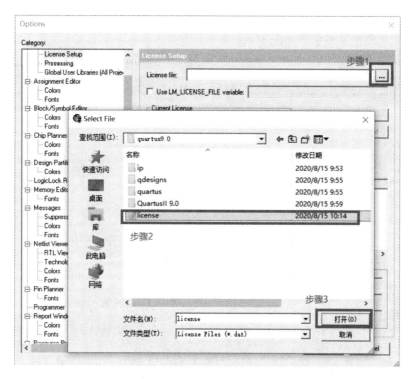

图 4.1.12　添加 license 文件

添加完 license 文件后的界面如图 4.1.13 所示。我们可以从图中看出，Quartus Ⅱ 9.0 软件使用权限截止日期为 2037 年 12 月。

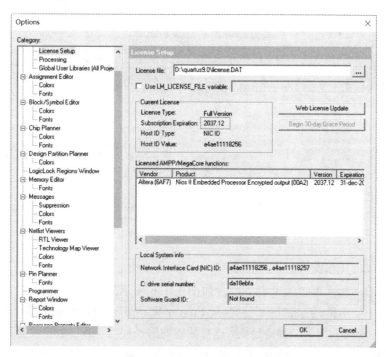

图 4.1.13　使用权限截止日期

最后，将安装目录下的 sys_cpt.dll 文件复制到 Quartus Ⅱ 9.0 软件安装目录下即可完成使用权限的获取，分别如图 4.1.14 和图 4.1.15 所示。

图 4.1.14　复制 sys_cpt.dll 文件

图 4.1.15　替换文件

2. 工程建立（D 触发器）

（1）打开 Quartus Ⅱ 9.0 软件，出现如图 4.1.6 所示的对话框。

（2）新建一个工程。点击"File"→"New Project Wizard"命令，出现如图 4.1.17 所示的界面。图中，第一个输入框为工程路径框，选择放置的路径即可，第二个输入框是工程名框；第三个输入框是实体名框。工程名和实体名一定要相同，确定好以后，点击"Next"按钮即可。（工程名与编写的程序代码中的工程名必须一致，否则将无法运行。）

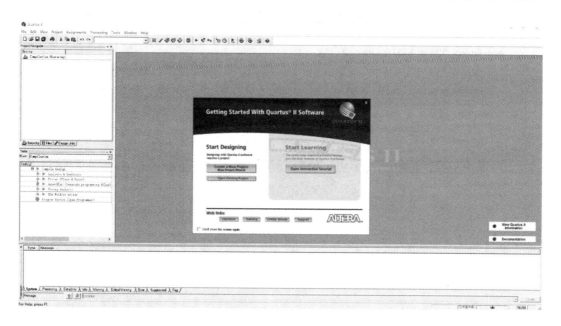

图 4.1.16　Quartus Ⅱ 9.0 软件界面

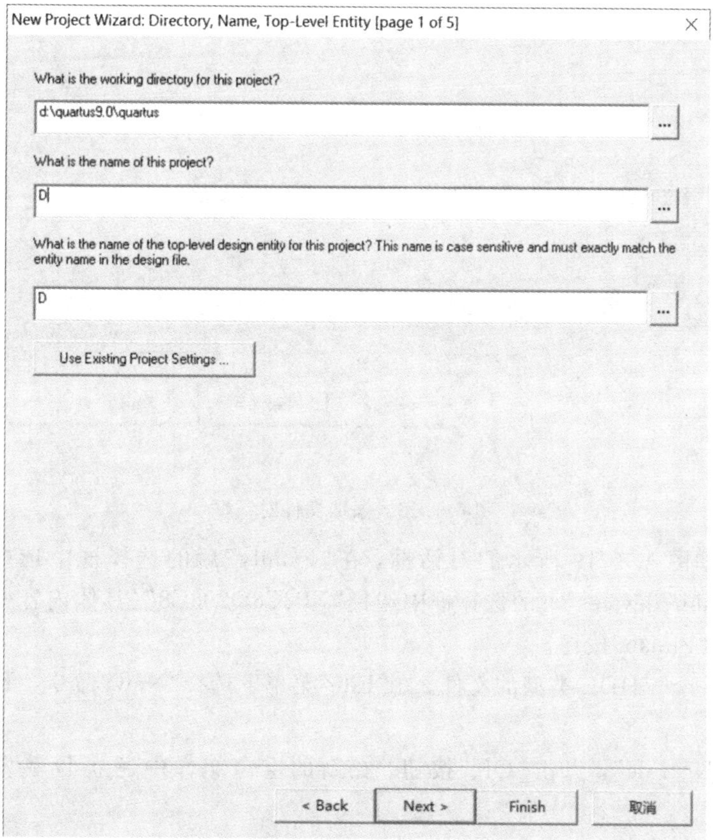

图 4.1.17　确立工程名对话框

然后，出现如图 4.1.18 所示的对话框，不要做改动，直接点击"Next"按钮即可。

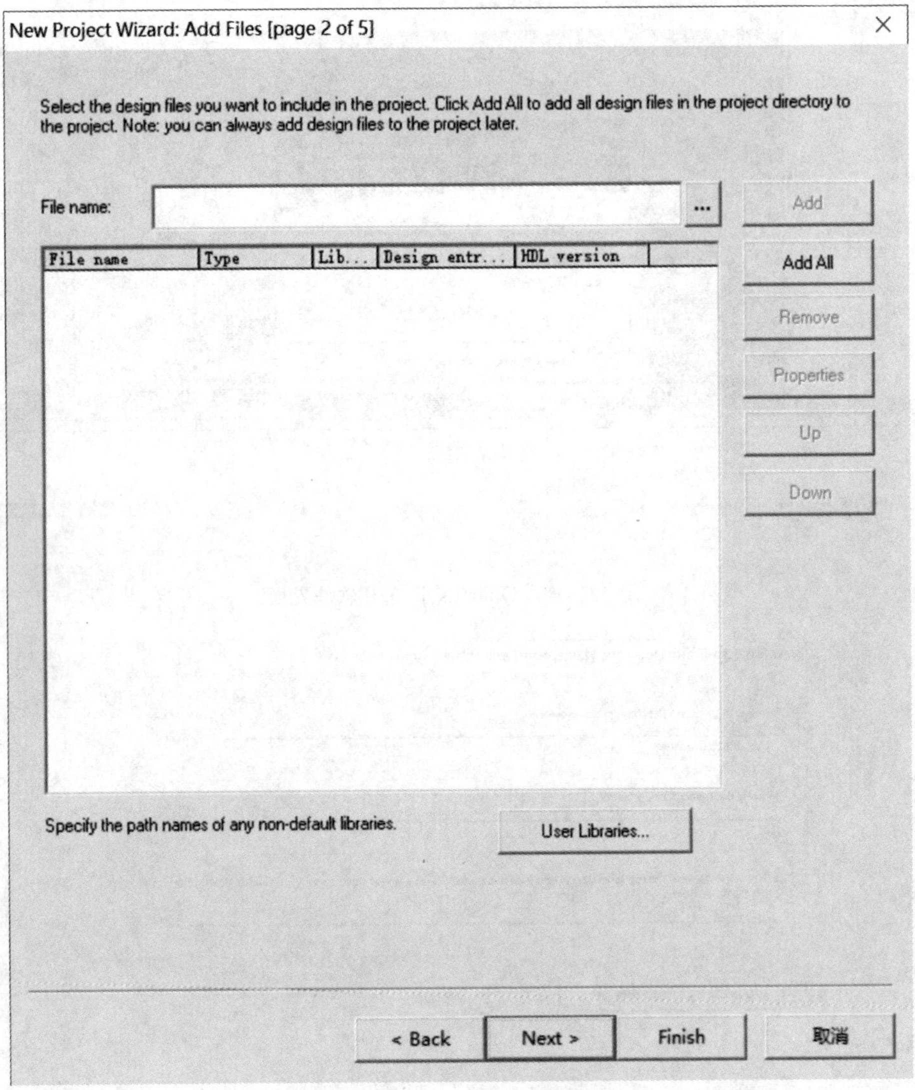

图 4.1.18　添加文件对话框

接着出现如图 4.1.19 所示的对话框，在"Family"后的选择框中选择器件"Cyclone Ⅱ"，在"Available devices"下的选择框中选择"EP2C8Q208C8"（具体内容根据所选的芯片来确定），点击"Finish"按钮。

（3）新建一个 VHDL 类型的文件。在"File"菜单下选择"New"命令，出现如图 4.1.20 所示的对话框。

选择"VHDL File"，点击"OK"按钮。在新的空白文件中建立 D 触发器程序，如图 4.1.21 所示。

点击编译按钮，将对新建的程序进行编译，如图 4.1.22 所示。

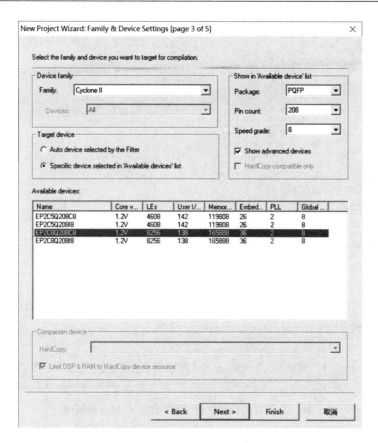

图 4.1.19　添加设备对话框

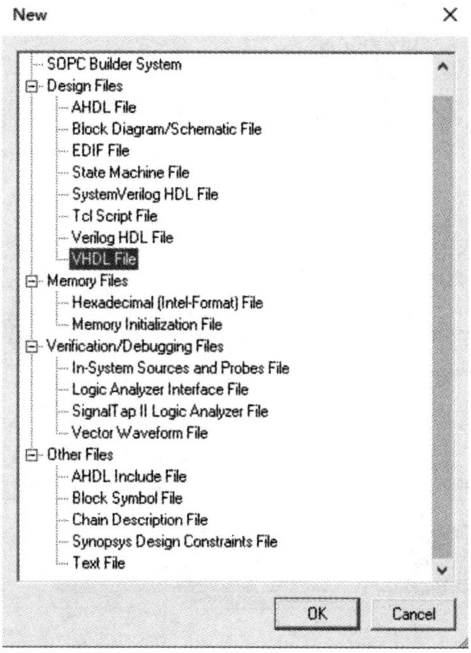

图 4.1.20　新建一个 VHDL 类型的文件

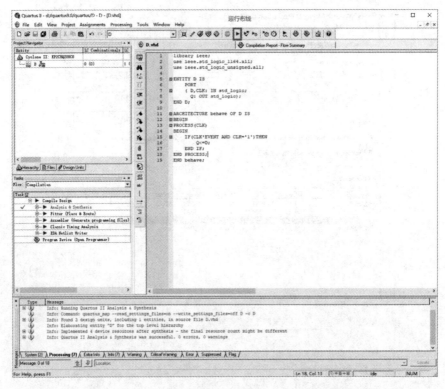

图 4.1.21 在新的空白文件中建立 D 触发器程序

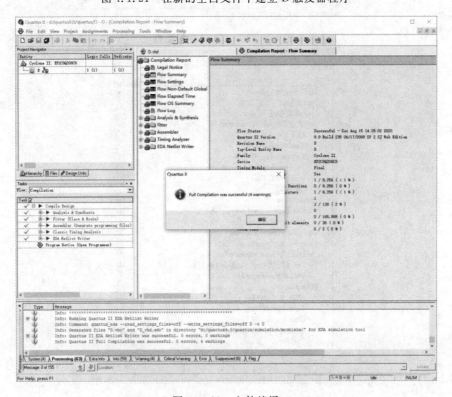

图 4.1.22 文件编译

（4）打开实验板 FPGA 模块。边沿 D 触发器的状态转移真值表如表 4.1.1 所示。它的特征方程是 $Q^{n+1}=D$，其状态转移图、工作波形图分别如图 4.1.23 及图 4.1.24 所示。

表 4.1.1　边沿 D 触发器的状态转移真值表

D	Q^n	Q^{n+1}	说　　明
0	0	0	
0	1	0	输出状态与 D 端状态相同
1	0	1	
1	1	1	

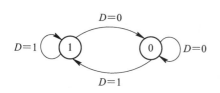

图 4.1.23　状态转移图

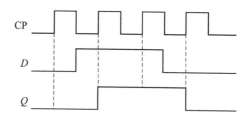

图 4.1.24　工作波形图

接线方式如下：

PIN46→单脉冲；

K1→PIN35；

L1→PIN3。

拨动 K1，按一下单脉冲开关，观察输出情况（单脉冲为 CP，K1 为 D（输入电平），L1 为 Q（输出显示））。

实际接线如图 4.1.25 所示（连接线路之前一定要断电，否则线路连接错误时容易短路）。

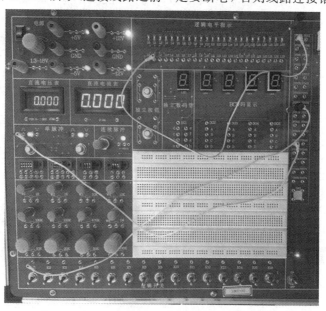

图 4.1.25　实际接线

（5）回到 Quartus Ⅱ 9.0 软件，点击"Assignments"→"Pins"命令，设置引脚，如图 4.1.26 所示。

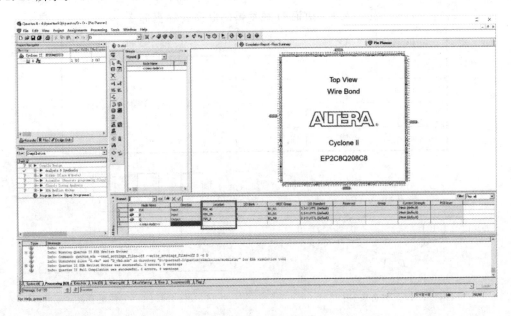

图 4.1.26　设置引脚

引脚分配完成后，点击编译按钮，再次进行编译，无误后则开始配置器件。点击配置按钮"🖐"，在弹出的对话框中点击"HardWare Setup"按钮，出现如图 4.1.27 所示的对话框（USB-Blaster 需要安装驱动，在设备管理器里安装）。

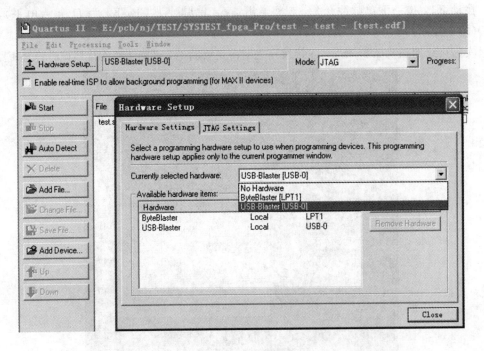

图 4.1.27　配置器件

选择"USB-Blaster[USB-0]"，再按图 4.1.28 设置好相关配置。

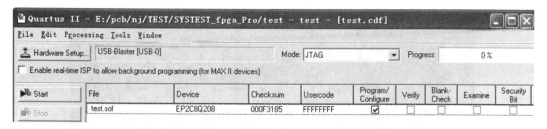

图 4.1.28　相关配置

点击"Start"按钮开始配置器件，右上角进度条显示完成 100% 就表示配置成功，程序已下载至 FPGA，如图 4.1.29 所示。

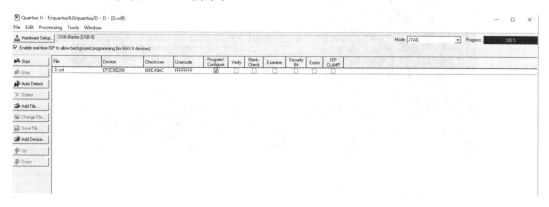

图 4.1.29　配置成功

3. 实验结果

K1 开关拨至 1，按下单脉冲信号，L1 红灯亮，如图 4.1.30 所示。

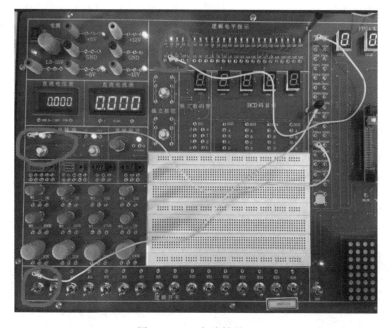

图 4.1.30　实验结果一

K1 开关拨至 0，按下脉冲信号，L1 红灯灭，如图 4.1.31 所示。

图 4.1.31　实验结果二

以下为 VHDL 的简单测试程序文本：

```
library ieee；
use ieee. std_logic_1164. all；
use ieee. std_logic_unsigned. all；

ENTITY D IS
    PORT
        (D，CLK：INstd_logic；
         Q：OUT std_logic)；
END D；

ARCHITECTURE behave OF D IS
BEGIN
PROCESS(CLK)
BEGIN
    IF(CLK'EVENT AND CLK='1')THEN
        Q<=D；
    END IF；
END PROCESS；
END behave；
```

4.1.4　实验报告要求

（1）写明实验目的。

（2）写明实验仪器名称和型号。

（3）写明实验步骤和过程。

（4）画出实验电路连接图。

（5）总结实验过程中遇到的问题和解决的方法。

4.2　4 位全加器实验

【预习内容】

预习 4 位全加器的工作原理；根据真值表，改变输入，观察输出的变化。

4.2.1　实验目的

（1）熟悉 Quartus Ⅱ 软件的开发环境，掌握工程的生成方法。

（2）了解 VHDL 语言在 FPGA 中的使用。

（3）了解 4 位并行相加串行进位全加器的组成原理和组成框图，了解 4 位全加器的 VHDL 语言实现。

4.2.2　实验器材

序号	器材名称	型号与规格	数量	备注
1	多功能电子技术实验平台		1	
2	计算机		1	

4.2.3　实验原理

全加器能将加数、被加数和低位来的进位信号进行相加，并根据求和结果给出该位的进位信号。全加器的真值表如表 4.2.1 所示。

表 4.2.1　全加器的真值表

输　　入			输　　出	
A_i	B_i	C_{i-1}	S_i	C_i
0	0	0	0	0
0	0	1	1	0
0	1	0	1	0
0	1	1	0	1
1	0	0	1	0
1	0	1	0	1
1	1	0	0	1
1	1	1	1	1

4 位全加器可以采用 4 个 1 位全加器级联成并行相加串行进位的加法器实现，如图 4.2.1 所示。其中，CSA 为 1 位全加器。由图 4.2.1 可以看出，每 1 位的进位信号都送给下 1 位作为输入信号，因此，任 1 位的加法运算必须在低 1 位的运算完成之后才能进行。可见，它的延迟非常可观，高速运算肯定无法胜任。

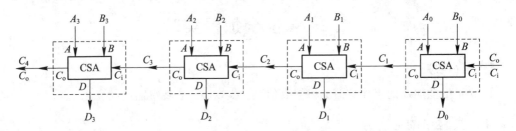

图 4.2.1　4 位全加器实现框图

在图 4.2.1 中，A 和 B 为加法器的输入位串，对于 4 位全加器，其位宽为 4 位；D 为加法器输出位串，与输入位串相同；C 为进位输入（C_i）或输出（C_o）。

4.2.4　实验内容

1. 创建工程及设计输入

（1）新建名为"adder4"的新工程。器件族类型选择"Cyclone Ⅱ"；器件型号选择"EP2C8Q208C8"。

（2）设计输入。在源代码窗口中单击右键，在弹出的菜单中选择"New Source"，在弹出的对话框中选择"VHDL"，在"File name"中输入源文件名"adder4"，下面各步点击"Next"按钮，然后在弹出的源代码编辑框内输入源代码并保存。

程序代码如下：

```
library ieee;
use ieee. std_logic_1164. all;
use ieee. std_logic_unsigned. all;
ENTITY  adder4 IS
PORT(a, b: in std_logic_vector(3 downto 0);
      ci: in std_logic;
     sum: out std_logic_vector(4 downto 0));
END adder4;
ARCHITECTURE maxpld OF adder4 IS
  signal halfadd: std_logic_vector(4 downto 0);
BEGIN
    halfadd<=('0'&a)+('0'&b);
    sum<=halfadd WHEN ci='0' ELSE halfadd+1;
END maxpld;
```

2. 引脚锁定

点击编译按钮，无误后再点击" [Pin Planner] "按钮进行引脚锁定，在"Loation"一列中直接输入引脚号，如图 4.2.2 所示。

	Node Name	Direction	Location
⊳	a[3]	Input	PIN_35
⊳	a[2]	Input	PIN_34
⊳	a[1]	Input	PIN_39
⊳	a[0]	Input	PIN_37
⊳	b[3]	Input	PIN_41
⊳	b[2]	Input	PIN_40
⊳	b[1]	Input	PIN_44
⊳	b[0]	Input	PIN_43
⊳	ci	Input	PIN_46
◎	sum[4]	Output	PIN_3
◎	sum[3]	Output	PIN_4
◎	sum[2]	Output	PIN_5
◎	sum[1]	Output	PIN_6
◎	sum[0]	Output	PIN_8

图 4.2.2　引脚锁定

锁定完成，再次编译无误后进行下载。

3. 功能测试

按照实验连线表接好线，拨动开关，观察运行结果。接线方式如下：

L0～L4→PIN3～PIN6、PIN8（和输出，其中 PIN3 为进位输出）；

K1～K4→PIN35、PIN34、PIN39、PIN37（从高到低）；

K8～K11→PIN41、PIN40、PIN44、PIN43；

K12→PIN46（后级进位位）。

其中，K1～K4 为被加数，K8～K11 为加数，拨动开关，观察发光二极管的输出。

4. 实验结果

全加器的真值表如表 4.2.1 所示（实验结果要进行二进制转换）。

4.2.5　实验报告要求

（1）写明实验目的。

（2）写明实验仪器名称和型号。

（3）写明实验步骤和过程。

（4）总结实验结果。

4.3　触 发 器 实 验

【预习内容】

预习 D 触发器和 JK 触发器的真值表；根据真值表，选择输入，观察输出变化。

4.3.1　实验目的

（1）掌握典型触发器的工作原理和方法，熟练应用 D 触发器和 JK 触发器。

（2）了解输入的改变对输出的影响，对触发器功能有初步认识。

4.3.2 实验器材

序号	器材名称	型号与规格	数量	备注
1	多功能电子技术实验平台		1	
2	计算机		1	

4.3.3 实验原理

1. D 触发器（工程建立部分与前文相似）

图 4.3.1 是 D 触发器的逻辑图，其真值表如表 4.3.1 所示。

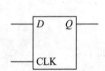

图 4.3.1 D 触发器的逻辑图

表 4.3.1 D 触发器的真值表

数据输入端	时钟输入端	数据输出端
D	CLK	Q
$\times$	0	不变
$\times$	1	不变
0	$\uparrow$	0
1	$\uparrow$	1

D 触发器的状态改变是在时钟脉冲上升沿完成的，因而这种结构的触发器无空翻现象。若 CP 上升沿前 $D=1$，则 $Q=1$；若 CP 上升沿前 $D=0$，则 $Q=0$。

2. JK 触发器

JK 触发器的电路符号如图 4.3.2 所示。带有复位/置位功能的 JK 触发器的输入端有置位输入 PSET、复位输入 CLR、控制输入 J 和 K、时钟信号 CLK，输出端有 Q 和 $\overline{Q}$，其真值表如表 4.3.2 所示。

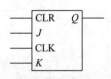

图 4.3.2 JK 触发器的电路符号

表 4.3.2 带有复位/置位功能的 JK 触发器的真值表

输 入 端					输 出 端	
PSET	CLR	CLK	J	K	Q	$\overline{Q}$
0	1	$\times$	$\times$	$\times$	1	0
1	0	$\times$	$\times$	$\times$	0	1
0	0	$\times$	$\times$	$\times$	$\times$	$\times$
1	1	$\uparrow$	0	1	0	1
1	1	$\uparrow$	1	1	翻	转
1	1	$\uparrow$	0	0	Q0	! Q0
1	1	$\uparrow$	1	0	1	0
1	1	0	$\times$	$\times$	Q0	! Q0

4.3.4　实验内容

1. D 触发器设计

（1）新建名为"D"的新工程。器件族类型选择"Cyclone Ⅱ"；器件型号选择"EP2C8Q208C8"。

（2）设计输入。在源代码窗口中单击右键，在弹出的菜单中选择"New Source"，在弹出的对话框中选择"VHDL"，在"File name"中输入源文件名"D"，下面各步点击"Next"按钮，然后在弹出的源代码编辑框内输入 D 触发器的源代码并保存即可。

程序代码如下：

```
library ieee;
use ieee. std_logic_1164. all;
use ieee. std_logic_unsigned. all;

ENTITY D IS
    PORT
       (D, CLK: in std_logic;
        Q: out std_logic);
END D;
ARCHITECTURE behave OF D IS
BEGIN
PROCESS(CLK)
BEGIN
    IF(CLK'event AND CLK='1')THEN
        Q<=D;
    END IF;
END PROCESS;
END behave;
```

（3）综合无误后进行配置验证。

同学们可以在普通 D 触发器的基础上进行，实现主从 D 触发器功能。

2. JK 触发器设计

（1）新建名为"JK"的新工程。器件族类型选择"Cyclone Ⅱ"；器件型号选择"EP2C8Q208C8"。

（2）设计输入。在源代码窗口中单击右键，在弹出的菜单中选择"New Source"，在弹出的对话框中选择"VHDL"，在"File name"中输入源文件名"JK"，下面各步点击"Next"按钮，然后在弹出的源代码编辑框内输入 JK 触发器的源代码并保存即可。

程序代码如下：

```
library ieee;
    use ieee. std_logic_1164. all;
    use ieee. std_logic_unsigned. all;
    ENTITY JK IS
```

```
        PORT
        (CLR, J, CLK, K, PSET: in std_logic;
         Q, QB: out std_logic);
    END JK;
    ARCHITECTURE behave OF JK IS
        SIGNAL Q_S, QB_S: STD_LOGIC;
        BEGIN
        PROCESS(CLK, CLR, PSET, J, K)
      BEGIN
      IF (PSET='0')AND(CLR='1')THEN
          Q_S<='1';
          QB_S<='0';
      ELSIF (PSET='1')AND(CLR='0')THEN
          Q_S<='0';
          QB_S<='1';
      ELSIF(CLK'event AND CLK='1')THEN
          IF(J='0')AND(K='1')THEN
            Q_S<='0';
            QB_S<='1';
          ELSIF(J='1')AND(K='0')THEN
            Q_S<='1';
            QB_S<='0';
          ELSIF(J='1')AND(K='1')THEN
            Q_S<=NOT Q_S;
            QB_S<=NOT QB_S;
          END IF;
        END IF;
      Q<=Q_S;
      QB<=QB_S;
        END PROCESS;
    END behave;
```

（3）进行编译、引脚锁定、下载和功能测试。

引脚图设置如图 4.3.3 所示。

		Node Name	Direction	Location	I/O Bank	VREF Group
1		CLK	Input	PIN_46	1	B1_N1
2		CLR	Input	PIN_37	1	B1_N1
3		J	Input	PIN_35	1	B1_N1
4		K	Input	PIN_34	1	B1_N1
5		PSET	Input	PIN_39	1	B1_N1
5		Q	Output	PIN_3	1	B1_N0
7		QB	Output	PIN_4	1	B1_N0
8		<<new node>>				

图 4.3.3　引脚图设置

接线方式如下：

K1→PIN35（J）；

K2→PIN34（K）；

K3→PIN39(PSET)；

K4→PIN37(CLR)；

L1→PIN3(Q)；

L2→PIN4(QB)；

PIN46→单脉冲。

根据真值表输入，观察输出。

3. 实验结果

D 触发器的真值表如表 4.3.1 所示。只有当时钟输入端处于上升沿时，数据输出端才会发生相应变化，其他情况不变。带有复位/置位功能的 JK 触发器的真值表如表 4.3.2 所示。

4.3.5　实验报告要求

(1) 写明实验目的。

(2) 写明实验仪器名称和型号。

(3) 写明实验步骤和过程。

(4) 写出实验结果并总结实验现象。

4.4　8 位计数器实验

【预习内容】

预习 8 位计数器的工作原理；熟悉 2 位十六进制数的表示。

4.4.1　实验目的

(1) 熟悉 Quartus Ⅱ 的开发环境，掌握工程的生成方法。

(2) 了解 VHDL 语言在 FPGA 中的使用。

(3) 通过 8 位计数器的 VHDL 设计实验了解数字电路的设计。

4.4.2　实验器材

序号	器材名称	型号与规格	数量	备注
1	多功能电子技术实验平台		1	
2	计算机		1	

4.4.3　实验原理

本实验所用的 8 位计数器，有 1 个时钟输入端、1 个异步清 0 端，输出为 8 位并行输出，每送来 1 个时钟脉冲，所输出的 8 位二进制数加 1，当由 00000000 计数到 11111111 时，计数器返回到 00000000 重新开始计数。

4.4.4 实验内容

用 VHDL 语言设计 8 位计数器,并进行功能验证。

1. 创建工程及设计输入

(1) 新建名为"count"的新工程。器件族类型选择"Cyclone Ⅱ";器件型号选择"EP2C8Q208C8"。

(2) 设计输入。对生成的工程进行综合设计、引脚锁定、编译与下载。

8 位计数器的程序代码如下(显示结果是 2 位十六进制数):

```vhdl
library ieee;
use ieee. std_logic_1164. all;
use ieee. std_logic_unsigned. all;
use ieee. std_logic_arith. all;
ENTITY count IS
    PORT(
        clk, rst: in std_logic;
        hex: out std_logic_vector(7 downto 0));
END count;
ARCHITECTURE a OF count IS
    signal cou: std_logic;
    signal data: std_logic_vector(7 downto 0);
BEGIN
    process(clk)
    variable c: integer range 0 to 24999999;
    BEGIN
        IF rising_edge(clk) THEN
            IF c=24999999 THEN
                c:=0;
                cou<='1';
            ELSE
                c:=c+1;
                cou<='0';
            END IF;
        END IF;
    END process;

    process(cou)
    BEGIN
        IF rst='1' THEN
            data<="00000000";
        ELSE
            IF rising_edge(cou) THEN
                data<=data+1;
```

```
            END IF；
          END IF；
       END process；
     hex <—data；
   END a；
```

引脚图设置如图 4.4.1 所示。

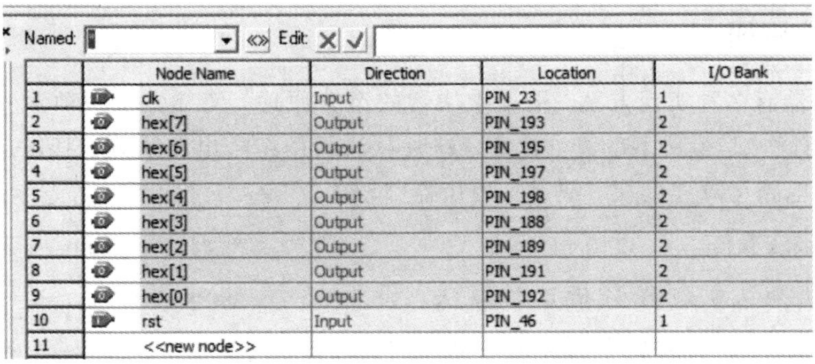

		Node Name	Direction	Location	I/O Bank
1		clk	Input	PIN_23	1
2		hex[7]	Output	PIN_193	2
3		hex[6]	Output	PIN_195	2
4		hex[5]	Output	PIN_197	2
5		hex[4]	Output	PIN_198	2
6		hex[3]	Output	PIN_188	2
7		hex[2]	Output	PIN_189	2
8		hex[1]	Output	PIN_191	2
9		hex[0]	Output	PIN_192	2
10		rst	Input	PIN_46	1
11		<<new node>>			

图 4.4.1　引脚图设置

接线方式：将 PIN46 与 K1 相接，拨动 K1 来进行复位。下载程序并观察计数输出结果。

2. 实验结果

数码管从 00 开始计数，至 FF 之后，重新变为 00。K1 端为清零端，K1 置"1"将使计数器清零，重新计数。

4.4.5　实验报告要求

（1）写明实验目的。
（2）写明实验仪器名称和型号。
（3）写明实验步骤和过程。
（4）总结实验过程中遇到的问题和解决的方法。

4.5　4 位乘法器实验

【预习内容】

预习 4 位乘法器工作原理；了解数码管显示十六进制数的原理。

4.5.1　实验目的

（1）用组合电路设计 4 位乘法器。
（2）了解 4 位乘法器的原理。

4.5.2 实验器材

序号	器材名称	型号与规格	数量	备注
1	多功能电子技术实验平台		1	
2	计算机		1	

4.5.3 实验原理

4 位乘法器有多种实现方案，根据乘法器的运算原理，使部分乘积项对齐相加的方法（通常称为并行法）是最典型的算法之一。这种算法可用组合电路实现，其优点是设计思路简单、直观，电路运算速度快，缺点是使用器件较多。

1. 并行乘法算法

下面将从乘法例题来分析这种算法。设 $M4$、$M3$、$M2$、$M1$ 是被乘数，也可以用 M 表示；$N4$、$N3$、$N2$、$N1$ 是乘数，也可以用 N 表示。并行乘法的算法如图 4.5.1 所示。

由乘法知识可知，乘数 N 中的每一位都要与被乘数 M 相乘，获得不同的积，如 $M×N1$，$M×N2$，……位积之间以及位积与部分乘法之和相加时需按高低位对齐，并行相加，才能得到正确结果。

```
        1101  ......N
    ×)  1011  ......M
        1011  ......M*N1
    +)  0000  ......M*N2
        0101  ......部分乘积之和
    +)  1011  ......M*N3
        1101  ......部分乘积之和
    +)  1011  ......M*N4
     10001111
```

图 4.5.1 并行乘法的算法

2. 并行乘法电路原理

并行乘法电路完全是根据以上算法设计的，如图 4.5.2 所示。图中，XB0、XB1、XB2、XB3 分别是乘数 B 的第 1~4 位与被乘数 A 相乘的 $1×4$ bit 乘法器。三个加法器将 $1×4$ bit 乘法器的积作为被加数 A，前一级加法器的和作为加数 B，相加后得到新的部分积，通过三级加法器的累加最终得到乘积 $P(P7P6P5P4P3P2P1)$。

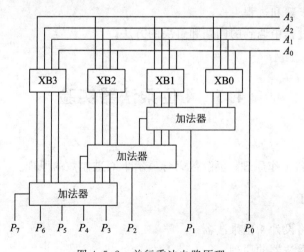

图 4.5.2 并行乘法电路原理

4.5.4　实验内容

1. 实验步骤

（1）用 VHDL 语言或原理图输入法设计 4 位乘法器。

（2）设计乘法器功能模块及 4 位加法器功能模块。

（3）锁定引脚并下载。

2. 实验说明

（1）op1、op2 为两乘数。

（2）result 为积输出。

3. 程序清单

以下是程序清单（mul4. vhd（移位乘法器）和 mul4p. vhd（并行乘法器））。

（1）mul4 的程序代码如下：

```
library ieee；
use ieee. std_logic_1164. all；
use ieee. std_logic_unsigned. all；
ENTITY mul4 IS
    PORT（
        clk，reset：IN STD_LOGIC；
        a，b：IN STD_LOGIC_VECTOR(3 downto 0)；
        resultout：OUT STD_LOGIC_VECTOR(7 downto 0))；
END mul4；
ARCHITECTURE a OF mul4 IS
    signal result，shiftresult：STD_LOGIC_VECTOR(7 downto 0)；
    signal temp，temp2：STD_LOGIC_VECTOR(3 downto 0)；
    signal count：STD_LOGIC_VECTOR(1 downto 0)；

BEGIN
    temp<= a WHEN count & b(2)="111" or count & b(1)="101" or count &    b(0)="011"
ELSE
    "0000"；
    temp2<= a WHEN b(3)='1' ELSE "0000"；
    shiftresult<=result(6 downto 0) & '0'；
    clklabel：
PROCESS （clk，reset)
    BEGIN
    IF reset='1' THEN
        result<="0000" & temp2；
        count<="11"；
    ELSIF clk'event and clk='1' THEN
        IF count="00" then   result<=result；count<="00"；
        ELSE result<=shiftresult+temp；count<=count-1；
        END IF；
```

```
    END IF;
    END PROCESS clklabel;
        resultout<=result;
  END a;
```
引脚图设置如图 4.5.3 所示。

	Node Name	Direction	Location	I/O Bank
	a[3]	Input	PIN_35	1
	a[2]	Input	PIN_34	1
	a[1]	Input	PIN_39	1
	a[0]	Input	PIN_37	1
	b[3]	Input	PIN_41	1
	b[2]	Input	PIN_40	1
	b[1]	Input	PIN_44	1
	b[0]	Input	PIN_43	1
	clk	Input	PIN_23	1
	reset	Input	PIN_46	1
	resultout[7]	Output	PIN_193	2
	resultout[6]	Output	PIN_195	2
	resultout[5]	Output	PIN_197	2
	resultout[4]	Output	PIN_198	2
	resultout[3]	Output	PIN_188	2
	resultout[2]	Output	PIN_189	2
	resultout[1]	Output	PIN_191	2
	resultout[0]	Output	PIN_192	2
	<<new node>>			

图 4.5.3 引脚图设置

4 位移位乘法器(mul4)的接线方式如下：

K1～K8→PIN35、34、39、37、41、40、44、43；

PIN46 接单脉冲源；

PIN23→50 MHz(已接好)。

数码管已接好。

操作运行方式如下：

K1～K4 分别对应二进制乘数 A 的高位到低位。

K5～K8 分别对应二进制被乘数 B 的高位到低位。

数码管输出结果(十六进制数)。

单步脉冲方式是：发出一个脉冲后输出运算结果。

(2) mul4p 的程序代码如下(十六进制)：

```
    library ieee;
    use ieee. std_logic_1164. all;
    use ieee. std_logic_unsigned. all;

    ENTITY mul4p IS
      PORT(op1, op2: in std_logic_vector(3 downto 0);
            result: out std_logic_vector(7 downto 0));
    END mul4p;

    ARCHITECTURE count OF mul4p IS
    COMPONENT and4a PORT(a: in std_logic_vector(3 downto 0);
                    en: in std_logic;
```

```
                           r: out std_logic_vector(3 downto 0));
END COMPONENT;
COMPONENT ls283 PORT(o1, o2: in std_logic_vector(3 downto 0);
                            res: out std_logic_vector(4 downto 0));
END COMPONENT;
signal sa: std_logic_vector(3 downto 0);
signal sb: std_logic_vector(4 downto 0);
signal sc: std_logic_vector(3 downto 0);
signal sd: std_logic_vector(4 downto 0);
signal se: std_logic_vector(3 downto 0);
signal sf: std_logic_vector(3 downto 0);
signal sg: std_logic_vector(3 downto 0);
--signal tmp1: std_logic;
BEGIN
   sg<=('0'&sf(3 downto 1));
   --tmp1<=op1(1);
   u0: and4a port map(a=>op2, en=>op1(1), r=>se);
   U1: and4a port map(a=>op2, en=>op1(3), r=>sa);
   U2: ls283 port map(o1=>sb(4 downto 1), o2=>sa, res=>result(7 downto 3));
   U3: and4a port map(a=>op2, en=>op1(2), r=>sc);
   U4: ls283 port map(o1=>sc, o2=>sd(4 downto 1), res=>sb);
   u5: ls283 port map(o1=>sg, o2=>se, res=>sd);
   u6: and4a port map(a=>op2, en=>op1(0), r=>sf);
   result(0)<=sf(0);
   result(1)<=sd(0);
   result(2)<=sb(0);
   --result(7 downto 0)<="00000000";
END count;


library ieee;
use ieee. std_logic_1164. all;
use ieee. std_logic_unsigned. all;


ENTITY and4a IS
    PORT(a: in std_logic_vector(3 downto 0);
             en: in std_logic;
             r: out std_logic_vector(3 downto 0));
    END and4a;


ARCHITECTURE behave OF and4a IS
  BEGIN
process(en, a(3 downto 0))
BEGIN
IF(en='1') THEN
    r<=a;
```

```
        ELSE
            r<="0000";
        END IF;
    END  process;
    END behave;


library ieee;
use ieee. std_logic_1164. all;
use ieee. std_logic_unsigned. all;


ENTITY ls283 IS
        PORT(o1, o2: in std_logic_vector(3 downto 0);
                res: out std_logic_vector(4 downto 0));
END ls283;


ARCHITECTURE behave OF ls283 IS
BEGIN
process(o1, o2)
    BEGIN
        res<=('0'&o1)+('0'&o2);
    END process;
    END behave;
```

引脚图设置如图 4.5.4 所示。

		Node Name	Direction	Location
1		op1[3]	Input	PIN_35
2		op1[2]	Input	PIN_34
3		op1[1]	Input	PIN_39
4		op1[0]	Input	PIN_37
5		op2[3]	Input	PIN_41
6		op2[2]	Input	PIN_40
7		op2[1]	Input	PIN_44
8		op2[0]	Input	PIN_43
9		result[7]	Output	PIN_193
10		result[6]	Output	PIN_195
11		result[5]	Output	PIN_197
12		result[4]	Output	PIN_198
13		result[3]	Output	PIN_188
14		result[2]	Output	PIN_189
15		result[1]	Output	PIN_191
16		result[0]	Output	PIN_192
17		<<new node>>		

图 4.5.4　引脚图设置

4 位并行乘法器(mul4p)的接线方式如下(十六进制)：

K1～K4→PIN35、PIN34、PIN39、PIN37(被乘数)；

K5～K8→PIN41、PIN40、PIN44、PIN43(乘数)。

数码管已接好。

拨动开关，观察输出结果（十六进制数）。

4．实验结果

4 位并行乘法器和 4 位移位乘法器的工作方式大致相同，不同之处是 4 位移位乘法器需要一个脉冲才能进行结果运算，同时二者的乘数与被乘数位置相反。被乘数乘以乘数得到结果（十六进制数），显示在数码管上。

4.5.5　实验报告要求

（1）写明实验目的。

（2）写明实验仪器名称和型号。

（3）写明实验步骤和过程。

（4）总结实验过程中遇到的问题和解决的方法。

4.6　锁 存 器 实 验

【预习内容】

预习 RS 锁存器、D 锁存器的工作原理与工作方式；了解不同的输入对应的输出。

4.6.1　实验目的

（1）熟悉 Quartus Ⅱ软件的开发环境，掌握工程的生成方法。

（2）了解 VHDL 语言在 FPGA 中的使用。

（3）通过锁存器实验了解数字电路设计。

4.6.2　实验器材

序号	器材名称	型号与规格	数量	备注
1	多功能电子技术实验平台		1	
2	计算机		1	

4.6.3　实验原理

在数字系统中，为了协调各部分的工作状态，常常要求某些锁存器在同一时刻动作，这样输出状态受输入信号直接控制的基本锁存器就不适用了。为此，必须引入同步信号，使这些锁存器只有在同步信号到达时才按输入信号改变状态。由于同步信号控制的锁存器称为同步锁存器或钟控锁存器，因此同步信号也称为时钟信号，用 CP 表示。常见的钟控锁存器有钟控 RS 锁存器和钟控 D 锁存器等。

1．RS 锁存器

RS 锁存器是一个两输入、两输出的电路，如图 4.6.1 所示。它由两个互相交叉反馈相连的或非门构成，其两个输出为两个相反的输出（或称为互补输出）。

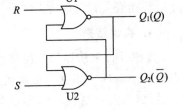

图 4.6.1 RS 锁存器

在图 4.6.1 中，R、S 为 RS 锁存器的两个输入端，Q_1（Q）和 Q_2（$\bar{Q}$）为两个互补的输出。由图可知，当 R、S 同为高电平或低电平时输出状态不发生变化，而仅当其中一个输入为高电平时，输出才发生变化，故 R、S 为高电平有效。

以下分四种情况讨论 RS 锁存器的工作过程：

（1）$R=0$、$S=0$。由于 R、S 的输入为高电平有效，而现在两个输入皆为低电平，故其输出状态保持不变，称为保持状态。

（2）$R=0$、$S=1$。由于 $R=0$，故 Q 的状态取决于 $\bar{Q}$ 的状态。由于 $S=1$、$\bar{Q}=0$，故 $Q=1$，所以当 $R=0$、$S=1$ 时，触发器被置"1"，故称为置"1"状态。

（3）$R=1$、$S=0$。这与上一种情况正好相反，其 $Q=0$、$\bar{Q}=1$，即触发器被置"0"，故称为置"0"状态。

（4）$R=1$、$S=1$。由电路图可知，当 $R=1$、$S=1$ 时，$Q_1=Q_2=0$，而锁存的 Q_1、Q_2 是两个互补的输出，而现在两个输出相等，这是不允许的，故这种情况对于锁存器来讲是不允许的，故通常称其为不允许的状态。

上面的 RS 锁存器是由或非门构成的，用与非门同样也可以构成 RS 锁存器，同样实现 RS 锁存器的功能。

2. D 锁存器

D 锁存器的输出受输入时钟信号和 D 信号的控制，在时钟为高电平时输出 D 信号，在时钟为低电平时输出保持不变。

4.6.4　实验内容

1. 新建工程并设计输入（RS 锁存器）

（1）新建名为"RS"的新工程。器件族类型选择"Cyclone Ⅱ"；器件型号选择"EP2C8Q208C8"。

（2）设计输入并保存。进行编译、引脚锁定，下载后运行，观察运行结果。

RS 锁存器的 VHDL 代码如下：

```
library ieee;
use ieee. std_logic_1164. all;
use ieee. std_logic_unsigned. all;
use ieee. std_logic_arith. all;
ENTITY RS IS
  PORT(
      R，S：in std_logic；
      Q1，Q2：out std_logic
    );
  END RS；
ARCHITECTURE arc OF RS IS
```

```
BEGIN
    process(R，S)
    BEGIN
        IF (R='0') AND (S='0') THEN
            Q1<='0';
            Q2<='1';
        ELSIF (R='0')and (S='1') THEN
            Q1<='1';
            Q2<='0';
        ELSIF(R='1')AND (S='0') THEN
            Q1<='0';
            Q2<='1';
        ELSIF(R='1')AND (S='1') THEN
            Q1<='Z';
            Q2<='Z';
        END IF;
    END process;
END arc;
```

RS 锁存器引脚图设置如图 4.6.2 所示。

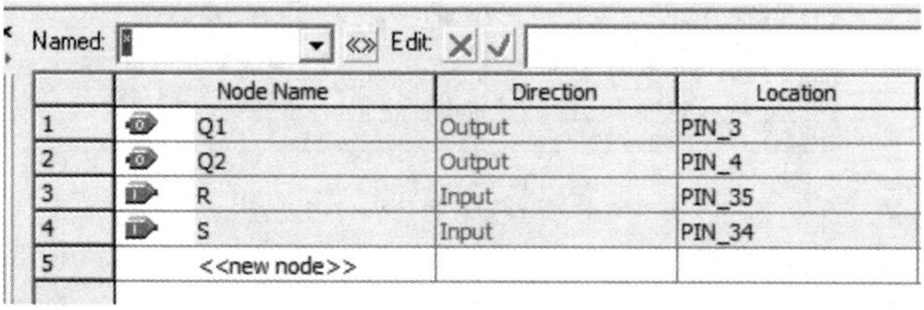

	Node Name	Direction	Location
1	Q1	Output	PIN_3
2	Q2	Output	PIN_4
3	R	Input	PIN_35
4	S	Input	PIN_34
5	<<new node>>		

图 4.6.2　RS 锁存器的引脚图设置

RS 锁存器的接线方式如下：

K1、K2→PIN35、PIN34；

L0、L1(发光管)→PIN3、PIN4。

分别按真值表置数，观察输出变化。

2. 新建工程并设计输入(D 锁存器)

(1) 新建名为"D_LAT"的新工程。器件族类型选择"Cyclone Ⅱ"；器件型号选择"EP2C8Q208C8"。

(2) 设计输入并保存。进行编译、引脚锁定，下载后运行，观察运行结果。

D 锁存器的 VHDL 代码如下：

```
library ieee;
use ieee. std_logic_1164. all;
use ieee. std_logic_unsigned. all;
use ieee. std_logic_arith. all;
```

```
ENTITY D_LAT IS
PORT(
       D, CLK: in std_logic;
       Q1, Q2: out std_logic
    );
END D_LAT;
ARCHITECTURE arc OF D_LAT IS
BEGIN
  process(CLK, D)
    begin
      IF  CLK='1'THEN
        Q1<=D;
        Q2<=not D;
      END IF;
  END process;
END arc;
```

D锁存器的引脚图设置如图4.6.3所示。

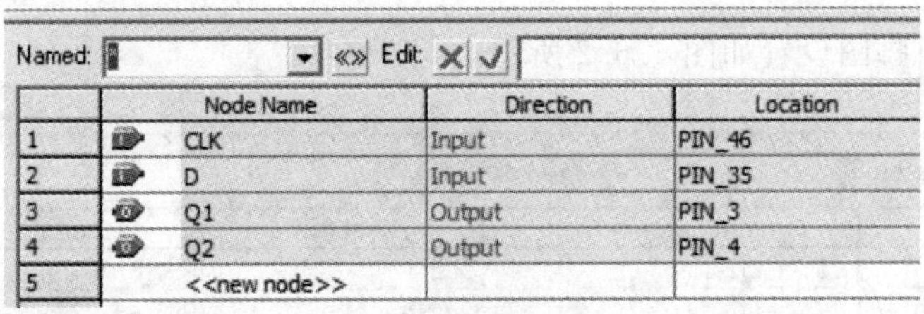

Named: | Edit:

	Node Name	Direction	Location
1	CLK	Input	PIN_46
2	D	Input	PIN_35
3	Q1	Output	PIN_3
4	Q2	Output	PIN_4
5	<<new node>>		

图4.6.3　D锁存器的引脚图设置

D锁存器的接线方式如下：

K1(D)→PIN35；

K12(CLK)→PIN46；

L0、L1(发光管)→PIN3、PIN4。

分别置CLK为高、低电平，拨动K1，观察输出发光管的情况。

3. 实验结果

(1) RS锁存器的结果参见表4.6.1。

表4.6.1　RS锁存器的真值表

输　入		输　出	
R	S	$Q(Q_1)$	$\bar{Q}(Q_2)$
0	0	不变	不变
0	1	1	0
1	0	0	1
1	1	0	0

（2）D 锁存器的结果参见表 4.6.2。

表 4.6.2　D 锁存器的真值表

CP	输入	输出
1	0	0
	1	1
0	0	不变
	1	不变

4.6.5　实验报告要求

（1）写明实验目的。

（2）写明实验仪器名称和型号。

（3）写明实验步骤和过程。

（4）总结实验过程中遇到的问题和解决的方法。

4.7　七段数码管译码显示器

【预习内容】

预习七段数码管译码显示器工作原理；了解译码显示器的功能。

4.7.1　实验目的

（1）熟悉 Quartus Ⅱ 软件的开发环境，掌握实验流程。

（2）了解 VHDL 语言在 FPGA 中的使用。

（3）了解七段数码管译码显示器硬件语言实现方法。

4.7.2　实验器材

序号	器材名称	型号与规格	数量	备注
1	多功能电子技术实验平台		1	
2	计算机		1	

4.7.3　实验原理

七段数码管各数码段的分布及排序图如图 4.7.1 所示。并联式七段数码管的译码原理图如图 4.7.2 所示。每个数码段通过限流电阻和译码开关（译码开关泛指能起到开关作用的器件，如三极管、集成电路、普通开关、接插件等）相互并联，然后与电源连接。译码开关导通，表示与该译码开关相连的数码段显示；译码开关关断，表示与该译码开关相连的数码段不显示。不同的数码段进行组合，就可显示"0～9"这 10 个阿拉伯数字。例如，在图 4.7.2 中，译码开关 SA、SB、SC、SD、SE、SF 导通，显示数码"0"；译码开关 SB、SC 导通，显示数码"1"。译码开关组合与所显示数码的对应关系如表 4.7.1 所示。

(a) 分布图　　　　　　　　(b) 排序图

图 4.7.1　七段数码管各数码段的分布及排序图

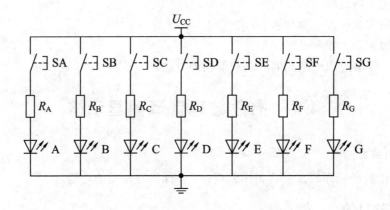

图 4.7.2　并联式七段数码管的译码原理图

表 4.7.1　译码开关组合与所显示数码的对应关系

显示数码	0	1	2	3	4	5	6	7	8	9
	SA	SB	SA	SA	SB	SA	SA	SA	SA	SA
	SB	SC	SB	SB	SC	SC	SC	SB	SB	SB
	SC		SD	SC	SF	SD	SD	SC	SC	SC
需要导通的译码开关	SD		SE	SD	SG	SF	SE		SD	SD
	SE		SG	SG		SG	SF		SE	SF
	SF						SG		SF	SG
									SG	

4.7.4　实验内容

根据设计流程，利用软件和开发板进行实验。

1. 新建工程并设计输入

（1）新建名为"alpher"的新工程。器件族类型选择"Cyclone Ⅱ"；器件型号选择
"EP2C8Q208C8"。

（2）设计输入并保存。

VHDL 代码如下：

```
library ieee;
use ieee. std_logic_1164. all;
use ieee. std_logic_unsigned. all;
ENTITY alpher IS
    PORT(
        data: in std_logic_vector(3 downto 0);
        led: out std_logic_vector(0 to 7));
END alpher;
ARCHITECTURE a OF alpher IS
BEGIN
WITH data select
    led    <=not"00000011" WHEN "0000",
            not"10011111" WHEN "0001",
            not"00100101" WHEN "0010",
            not"00001101" WHEN "0011",
            not"10011001" WHEN "0100",
            not"01001001" WHEN "0101",
            not"01000001" WHEN "0110",
            not"00011111" WHEN "0111",
            not"00000001" WHEN "1000",
            not"00001001" WHEN "1001",
            not"00010001" WHEN "1010",
            not"11000001" WHEN "1011",
            not"01100011" WHEN "1100",
            not"10000101" WHEN "1101",
            not"01100001" WHEN "1110",
            not"01110001" WHEN others;
    END a;
```

引脚图设置如图 4.7.3 所示。

接线方式如下：

K1～K4→PIN35、PIN34、PIN39、PIN37；

七段数码管的 H、G、F、E、D、C、B、A→PIN3、PIN4、PIN5、PIN6、PIN8、PIN10、
PIN11、PIN12；

七段数码管的 DP1（公共端）接 5 V（共阳极 LED 数码管）电压；

PIN10→L1（动态扫描区）。

下载程序后，拨动开关置为不同的十六进制数，观察数码管的显示情况（显示 0～F）。

		Node Name	Direction	Location
1	◇	data[3]	Unknown	PIN_35
2	◇	data[2]	Unknown	PIN_34
3	◇	data[1]	Unknown	PIN_39
4	◇	data[0]	Unknown	PIN_37
5	◇	led[7]	Unknown	PIN_3
6	◇	led[6]	Unknown	PIN_4
7	◇	led[5]	Unknown	PIN_5
8	◇	led[4]	Unknown	PIN_6
9	◇	led[3]	Unknown	PIN_8
10	◇	led[2]	Unknown	PIN_10
11	◇	led[1]	Unknown	PIN_11
12	◇	led[0]	Unknown	PIN_12
13		<<new node>>		

图 4.7.3　引脚图设置

2. 实验结果

本实验要观测的是七段数码管译码显示器的输出对应于输入的变化。K1～K4 相当于 4 位二进制数，拨动开关，数码管显示 0～F。

4.7.5　实验报告要求

（1）写明实验目的。

（2）写明实验仪器名称和型号。

（3）写明实验步骤和过程。

（4）总结实验现象。

4.8　七人投票表决器

【预习内容】

预习七人投标票决器的工作原理，了解输入与输出之间的联系。

4.8.1　实验目的

（1）熟悉 Quartus Ⅱ 软件的开发环境，掌握工程的生成方法。

（2）了解 VHDL 语言在 FPGA 中的使用。

（3）通过掌握七人投票表决器的 VHDL 设计，了解数字电路的设计。

4.8.2　实验器材

序号	器材名称	型号与规格	数量	备注
1	多功能电子技术实验平台		1	
2	计算机		1	

4.8.3　实验原理

本实验用 7 个开关作为表决器的 7 个输入变量,当输入变量为逻辑"1"时,表示表决者"赞同";当输入变量为逻辑"0"时,表示表决者"不赞同",即当输出逻辑"1"时,表示表决"通过";当输出逻辑"0"时,表示表决"不通过"。当表决器的 7 个输入变量中有 4 个以上(含 4 个)为"1"时,表决器输出为"1";否则输出为"0"。

七人投票表决器设计方案很多,如用多个全加器采用组合电路实现。当用 Verilog HDL 语言设计七人表决器时,也有多种选择。我们可以以结构描述的方式用多个全加器来实现电路,也可以以行为描述的方式用一个变量来表示选举通过的总人数。当"赞同"人数大于或等于 4 时,为通过,绿灯亮;反之,为不通过,黄灯亮。描述时,只需检查每一个输入的状态(通过为"1",不通过为"0"),并将这些状态值相加,判断状态值的和即可选择输出。

4.8.4　实验内容

用 VHDL 语言设计七人投票表决器,并进行功能验证。

1. 创建工程及设计输入

(1) 新建名为"vote7"的新工程。器件族类型选择"Cyclone Ⅱ";器件型号选择"EP2C8Q208C8"。

(2) 设计输入。

VHDL 代码如下:

```
library ieee;
use ieee. std_logic_1164. all;
use ieee. std_logic_unsigned. all;
ENTITY vote7 IS
    PORT
    ( men: in std_logic_vector(6 downto 0);
      pass, stop: buffer std_logic
    );
END vote7;
ARCHITECTURE behave OF vote7 IS
BEGIN
    stop<=not pass;
    process (men)
        variable temp: std_logic_vector(2 downto 0);
            BEGIN
            temp: ="000";
            for i in 0 to 6 loop
                IF(men(i)='1') THEN
                    temp: =temp+1;
                ELSE
                    temp: =temp+0;
```

```
                END IF;
              END loop;
        IF temp>"011" THEN
            pass<='1';
        ELSE
            pass<= '0';
        END IF;
      --pass<=temp(2);
    END process;
  END behave;
```

引脚图设置如图 4.8.1 所示。

		Node Name	Direction	Location
1	◇	men[6]	Unknown	PIN_35
2	◇	men[5]	Unknown	PIN_34
3	◇	men[4]	Unknown	PIN_39
4	◇	men[3]	Unknown	PIN_37
5	◇	men[2]	Unknown	PIN_41
6	◇	men[1]	Unknown	PIN_40
7	◇	men[0]	Unknown	PIN_44
8	◇	pass	Unknown	PIN_3
9	◇	stop	Unknown	PIN_4
10		<<new node>>		

图 4.8.1　引脚图设置

接线方式如下：

L0(表示通过)→PIN3；

L3(表示不通过)→PIN4；

K1~K7(7 个表决人)→PIN35、PIN34、PIN39、PIN37、PIN41、PIN40、PIN44。

2. 实验结果

验证由 VHDL 语言设计的七人投票表决器的工作，只要超过 4 个人"赞同"，则输出应为"1"(通过)。

4.8.5　实验报告要求

(1) 写明实验目的。

(2) 写明实验仪器名称和型号。

(3) 写明实验步骤和过程。

(4) 总结实验现象。

4.9　交通灯控制实验

【预习内容】

预习交通灯控制的原理，了解交通信号变化的原理。

4.9.1 实验目的

(1) 了解交通信号控制中编码的基本思想。

(2) 了解交通灯编码的 FPGA 实现。

4.9.2 实验器材

序号	器材名称	型号与规格	数量	备注
1	多功能电子技术实验平台		1	
2	计算机		1	

4.9.3 实验原理

交通灯控制系统主要由控制器、定时器、译码器和秒脉冲信号发生器等部分组成。秒脉冲信号发生器是该系统中定时器和控制器的标准时钟信号源。译码器输出两组信号灯的控制信号，经驱动电路后驱动信号灯工作。控制器是该系统的主要部分，由它控制定时器和译码器的工作。

4.9.4 实验内容

1. 实验过程

本实验就是要用 FPGA 对交通灯控制系统进行实验编程，了解交通灯的运行方式和规律。实验的连线说明如下：

(1) CLK：时钟输入，为 1 Hz。

(2) RGY：代表红、绿、黄灯。

(3) Reset：复位信号。

(4) LED：输出的数码显示。

部分 VHDL 语言程序如下：

(1) LED 控制部分：

```
LIBRARY IEEE;
USE IEEE. STD_LOGIC_1164. ALL;
USE IEEE. STD_LOGIC_UNSIGNED. ALL;
ENTITY ledcontrol IS
    PORT(
        reset, clk, urgen        : IN STD_LOGIC;
        state                    : OUT STD_LOGIC_VECTOR(1 DOWNTO 0);
        sub, set1, set2          : OUT STD_LOGIC);
END ledcontrol;
ARCHITECTURE a OF ledcontrol IS
    SIGNAL count: STD_LOGIC_VECTOR(6 DOWNTO 0);
    SIGNAL subtemp: STD_LOGIC;
```

```
BEGIN
sub<=subtemp AND (NOT clk);
statelabel:
PROCESS (reset, clk)
BEGIN
IF reset='1' THEN
    count<="0000000";
    state<="00";
ELSIF clk'event AND clk='1' THEN
    IF urgen='0' THEN count<=count+1; subtemp<='1'; ELSE subtemp<='0'; END IF;
    IF count=0 then state<="00"; set1<='1'; set2<='1';
    ELSIF count=40 then state<="01"; set1<='1';
    ELSIF count=45 THEN state<="10"; set1<='1'; set2<='1';
    ELSIF count=85 THEN state<="11"; set2<='1';
    ELSIF count=90 THEN count<="0000000"; ELSE set1<='0'; set2<='0'; END IF;
END IF;
END PROCESS statelabel;
END a;
```

(2) LED 显示部分:

```
LIBRARY IEEE;
USE IEEE. STD_LOGIC_1164. ALL;
USE IEEE. STD_LOGIC_UNSIGNED. ALL;
ENTITY ledshow IS
    PORT(
        clk, urgen            : IN STD_LOGIC;
        state                 : IN STD_LOGIC_VECTOR(1 DOWNTO 0);
        sub, set1, set2       : IN STD_LOGIC;
        r1, g1, y1, r2, g2, y2 : OUT STD_LOGIC;
        led1, led2            : OUT STD_LOGIC_VECTOR(7 DOWNTO 0));
END ledshow;
ARCHITECTURE a OF ledshow IS
    SIGNAL count1, count2: STD_LOGIC_VECTOR(7 DOWNTO 0);
    SIGNAL setstate1, setstate2 : STD_LOGIC_VECTOR(7 DOWNTO 0);
    SIGNAL tg1, tg2, tr1, tr2, ty1, ty2 : STD_LOGIC;
BEGIN
led1<="11111111" WHEN urgen='1' AND clk='0' ELSE count1;
led2<="11111111" WHEN urgen='1' AND clk='0' ELSE count2;
tg1<='1' WHEN state="00" AND urgen='0' ELSE '0';
ty1<='1' WHEN state="01" AND urgen='0' ELSE '0';
tr1<='1' WHEN state(1)='1' OR urgen='1' ELSE '0';
tg2<='1' WHEN state="10" AND urgen='0' ELSE '0';
ty2<='1' WHEN state="11" AND urgen='0' ELSE '0';
tr2<='1' WHEN state(1)='0' OR urgen='1' ELSE '0';
```

```
    setstate1<=    "01000000" WHEN state="00" ELSE
                   "00000101" WHEN state="01" ELSE
                   "01000101" ;
    setstate2<=    "01000000" WHEN state="10" ELSE
                   "00000101" WHEN state="11" ELSE
                   "01000101" ;
    label2:
    PROCESS (sub)
    BEGIN
    IF sub'event AND sub='1' THEN
    IF set2='1' THEN
        count2<=setstate2;
    ELSIF count2(3 DOWNTO 0)="0000" THEN count2<=count2-7;
    ELSE count2<=count2-1; END IF;
        g2<=tg2;
        r2<=tr2;
        y2<=ty2;
    END IF;
    END PROCESS label2;
    label1:
    PROCESS (sub)
    BEGIN
    IF sub'event AND sub='1' THEN
    IF set1='1' THEN
        count1<=setstate1;
    ELSIF count1(3 DOWNTO 0)="0000" THEN count1<=count1-7;
    ELSE count1<=count1-1; END IF;
        g1<=tg1;
        r1<=tr1;
        y1<=ty1;
    END IF;
    END PROCESS label1;
    END a;
```

接线方式如下：

L0(红灯)→PIN3;

L8(绿灯)→PIN4;

L16(黄灯)→PIN5;

L3(红灯)→PIN6;

L11(绿灯)→PIN8;

L19(黄灯)→PIN10;

K1(低电平有效)→PIN72;

K2(低电平有效)→PIN74;

连续脉冲→PIN35。

将 K1、K2 均置为低电平，观察发光管和数码管的运行情况。

引脚图设置如图 4.9.1 所示。

Node Name	Direction	Location	I/O Bank
clk	Input	PIN_35	1
g1	Output	PIN_4	1
g2	Output	PIN_8	1
led1[7]	Output	PIN_193	2
led1[6]	Output	PIN_195	2
led1[5]	Output	PIN_197	2
led1[4]	Output	PIN_198	2
led1[3]	Output	PIN_188	2
led1[2]	Output	PIN_189	2
led1[1]	Output	PIN_191	2
led1[0]	Output	PIN_192	2
led2[7]	Output	PIN_205	2
led2[6]	Output	PIN_206	2
led2[5]	Output	PIN_207	2
led2[4]	Output	PIN_208	2
led2[3]	Output	PIN_199	2
led2[2]	Output	PIN_200	2
led2[1]	Output	PIN_201	2
led2[0]	Output	PIN_203	2
r1	Output	PIN_3	1
r2	Output	PIN_6	1
reset	Input	PIN_72	4
urgen	Input	PIN_74	4
y1	Output	PIN_5	1
y2	Output	PIN_10	1

图 4.9.1　引脚图设置

4.9.5　实验报告要求

（1）写明实验目的。

（2）写明实验仪器名称和型号。

（3）写明实验步骤和过程。

第5章　电子技术课程设计

【教学提示】本章主要给出了课程设计的一般流程及课程设计报告撰写规范，通过具体示例，说明了如何开展课程设计各阶段的工作，最后给出了课程设计参考题例。

【教学要求】通过让学生利用所学某一门课程知识去解决一个具体的实际问题，对学生进行综合性训练，培养学生独立解决实际问题的能力。

【教学方法】按课程设计各个环节进行有效指导，及时帮助学生解决设计过程中遇到的问题。

实验课、课程设计和毕业设计是大学阶段既相互联系又互有区别的三大实践性教学环节，课程设计处于实验课和毕业设计（论文）的中间环节。实验课着眼于通过实验验证课程的基本理论，并培养学生的初步实验技能。课程设计针对某一门课程的要求，对学生进行综合性训练，培养学生运用课程中所学到的理论知识，紧密结合实践，独立地解决实际问题的能力。毕业设计虽然是一种综合性训练，但它不是针对某一门课程的，而是针对本专业的要求所进行的更为全面的综合性训练。

在电子信息类、自动化类、仪器仪表类、计算机类等本科专业教学中，电子技术课程设计是一个重要的实践性教学环节，是对学生进行电子技术综合性训练的一种重要手段，包括选择课题、电路设计、组装、调试和编写总结报告等实践内容。本章主要阐述电子技术课程设计所涉及的主要基础知识，帮助学生解决入门之难。

5.1　课程设计的目的与要求

电子技术课程设计应达到如下的基本要求：

（1）能综合运用电子技术课程中所学到的理论知识独立完成一个设计课题。

（2）通过查阅手册和文献资料，能合理、灵活地应用电子技术知识完成由各种电子元器件构成的规定的电子系统，培养独立分析和解决实际问题的能力。

（3）进一步熟悉常用电子元器件的类型和特性，并掌握合理选用的原则。

（4）掌握模拟电路的安装、测量与调试的基本技能。

（5）熟悉电子仪器的正确使用方法，能独立分析实验中出现的正常或不正常现象（或数据），独立处理调试中出现的正常或不正常现象（或数据），独立解决调试中所遇到的问题。

（6）学会撰写课程设计总结报告。

（7）培养严肃认真的工作作风和严谨的科学态度。

5.2 课程设计的一般流程及各部分内容

课程设计的一般流程如图 5.2.1 所示。电子系统的设计方法有三种：自顶向下（Top Down）、自底向上（Bottom Up）、自顶向下与自底向上结合。自顶向下方法按照系统→子系统→功能模块→单元电路→元器件→布线图的过程来设计一个系统。自底向上的方法是按自顶向下的反向进行系统设计。在现代电子系统设计中，一般采用自顶向下的设计方法，因为这种设计方法的设计思路具有大局观，能从实际系统功能出发，概念清晰、易懂。实际上，由于电子技术的发展，尤其是 IP 技术的发展，有很多通用功能模块可以选用，也就是说，采用自顶向下的设计方法，有时只需设计功能模块，再附加适当的元器件并加以合理地布线即可。应该说这是一种自顶向下与自底向上相结合的方法。但在以 IP 核为基础 VLSI 片上系统的设计中，自底向上的方法得到重视和应用。

在学校的实验室中，往往受到客观条件的限制，也就是说，一般只能根据实验室给出的元器件或某些功能模块来进行选择。另外，为了使学生能牢固掌握基础知识和基本技能，一般的课程设计都要求学生设计到元器件级。

学生要按课程设计任务要求，在教师指导下，运用电子技术课程中学过的理论知识，适当自学某些新知识，独立完成课程设计任务。

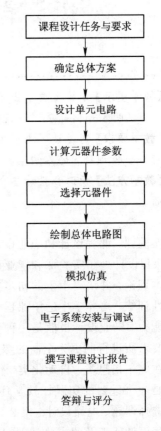

图 5.2.1 课程设计的一般流程

1. 确定总体方案

对于一个课程设计课题，通过全面分析课程设计任务书所描述的系统功能、技术指标后，找到问题的关键，明确系统的任务要求；根据已掌握的知识和资料，提出尽可能多的符合要求的设计方案。在每一种方案中，将系统功能合理地分解成若干个子系统或电路单元，或逻辑功能单元，并画出各个单元电路框图相互连接而形成的系统总体设计功能框图。通过多思考、多分析、多比较，在原理正确、易于实现且在实验室条件允许的原则下，最终确定设计方案。需要注意的是，框图必须正确反映系统的任务要求和各组成部分的功能，清楚表示系统的基本组成和相互关系。系统总体方案的选择，直接决定系统设计的质量。在选择总体方案时，主要从性能稳定、工作可靠、电路简单、成本低、功耗小、调试维修方便等方面考虑。

2. 设计单元电路

对各功能模块选择的单元电路，要分别设计、计算能满足功能及技术指标要求的电路，包括元器件选择、电路静态动态参数计算等，还要对单元电路之间的适配进行设计与核算，主要考虑阻抗匹配、各单元电路的供电电源的尽可能统一。整个系统要简单可靠，便于提高输出功率、效率以及信噪比等。

此外，具体设计时，应尽量选择现有的、成熟的电路来实现单元电路的功能。如果找不到完全满足要求的现成电路，可以适当改进与设计要求比较接近的某个电路，或自己进行创造性设计。所设计的电路单元应尽可能地采用集成电路，以使系统体积小、可靠性高。

设计单元电路的方法与步骤如下：

（1）根据设计要求和选择的总体方案原理图，确定对各单元电路的设计要求，必要时应详细拟定主要单元电路的性能指标。

（2）拟定各单元电路的要求后，对它们进行设计。

（3）单元电路的设计应符合电平标准。

（4）要注意各单元之间的匹配连接。

3．计算元器件参数

在设计电子电路时，应根据电路的性能指标要求选择电路元器件的参数。例如，根据电压放大倍数的大小，可选择反馈电阻的阻值；根据振荡器要求的振荡频率，利用公式，可计算出决定振荡频率的电阻和电容之值等；在设计积分电路时，不仅要求出电阻值和电容值，而且要估算出集成运放的开环电压放大倍数、差模输入电阻、转换速率、输入偏置电流、输入失调电压、输入失调电流及温度漂移，这样才能根据计算结果选择元器件。至于计算参数的具体方法，主要在于正确运用在"模拟电子技术基础""数字电子技术基础""电子技术基础"中已经学过的分析方法，弄清电路原理，灵活运用计算公式。由于一般满足电路性能指标要求的理论参数值不是唯一的，因此设计者应根据元器件性能、价格、体积、通用性和货源等方面综合考虑，灵活选择。计算电路参数时应注意以下几个方面：

（1）在计算元器件工作电流、电压和功率等参数时，应充分考虑工作条件最恶劣的情况，并留有适当的余量，以保证电路在规定的条件下能正常工作，达到所要求的性能指标。

（2）对于元器件的极限参数必须留有足够的余量，通常取 1.5～2 倍的额定值。例如，如果实际电路中三极管 C、E 两端的电压 U_{CE} 的最大值为 20 V，则选择三极管时应按 $U_{(BR)CEO} \geqslant$ 30 V 考虑。

（3）对于电阻、电容参数的取值，应注意选择计算值附近的标称值。电阻值一般在 1 MΩ 内选择；非电解电容器一般在 100 pF～0.47 μF 选择；电解电容一般在 1 μF～2000 μF 范围内选用。在保证电路达到功能指标要求的前提下，应尽量减少元器件的品种、价格、体积等。

（4）对于环境温度、交流电网电压等工作条件，计算参数时应按最不利的情况考虑。

（5）在保证电路性能的前提下，应尽可能设法降低成本，减少元器件品种及元器件的功耗和体积，为安装调试创造有利条件。

（6）应把计算确定的各参数值标在电路图的恰当位置。

4．选择元器件

从某种意义上讲，电子电路的设计就是选择最合适的元器件，并把它们最好地组合起来。因此在设计过程中，经常遇到选择元器件的问题，不仅在设计单元电路和总体电路及计算参数时要考虑选哪些元器件合适，而且在提出方案、分析和比较方案的优、缺点时，有时也需要考虑用哪些元器件以及它们的性价比如何等。

1) 选择元器件

在选择元器件前，必须弄清三方面的问题：

(1) 电路信号的频率范围、环境温度、空间大小、成本高低等如何？

(2) 根据具体问题和方案，需要哪些元器件？每个元器件应具有哪些功能和性能指标？

(3) 哪些元器件实验室中已有？哪些在市场上能买到？性能如何？价格如何？体积多大？电子元器件种类繁多，新产品不断出现，这就需要经常关心元器件的信息和新动向，多查资料。

2) 选择集成电路

一般优先选用集成电路。集成电路的应用越来越广泛，它不但减小了电子设备的体积，降低了成本，提高了可靠性，安装、调试比较简单，而且大大简化了设计，使电子电路的设计非常方便。现在各种模拟集成电路的应用也使得放大器、稳压电源和其他一些模拟电路的设计比以前容易得多。例如，5 V 直流稳压电源的稳压电路，以前常用晶体管等分立元件构成串联式稳压电路，现在一般都用集成三端稳压器 SN7805 构成。二者相比，显然后者比前者简单得多，而且很容易设计制作，成本低、体积小、重量轻、维修简单。但是，不要以为采用集成电路一定比用分立元件好，有些功能相当简单的电路，只要一只二极管或三极管就能解决问题，若采用集成电路反而会使电路复杂，成本增加。例如，对于 5 MHz～10 MHz 的正弦波发生器，用一只高频三极管构成电容三点式 LC 振荡器即可满足要求。若采用集成运放构成同频率的正弦波发生器，则由于宽频带集成运放价格高，成本必然高。因此在频率高、电压高，电流大或要求噪声极低等特殊场合仍需采用分立元件，必要时可画出两种电路进行比较。

怎样选择集成电路呢？集成电路的品种很多，选用方法一般是"先粗后细"，即先根据总体方案考虑应该选用什么功能的集成电路，然后考虑具体性能，最后根据价格等因素选用某种型号的集成电路。例如，需要设计一个三角波发生器，既可用函数信号发生器 8038 (ICL8038)，也可用集成运放。为此，就必须了解 TCL8038 的具体性能和价格。若用集成运放构成三角波发生器，就应了解集成运放的主要指标，看选哪种型号符合三角波发生器的要求，也应了解货源和价格等情况。综合比较后再确定是选用 TCL8038 好，还是选用集成运放好。

在选用集成电路时，除以上所述外，还必须注意以下几点：

(1) 应熟悉集成电路的品种和几种典型产品的型号、性能、价格等，以便在设计时能提出较好的方案，较快地设计出单元电路和总电路。

(2) 选择集成运放，应尽量选择"全国集成电路标准化委员会提出的优选集成电路系列"(集成运放)中的产品。

(3) 同一种功能的数字集成电路可能既有 CMOS 产品，又有 TTL 产品。TTL 器件中有中速、高速、甚高速、低功耗和肖特基低功耗等不同产品，CMOS 器件也有普通型和高速型两种不同产品，选用时一般可参考表 5.2.1 的原则。对于某些具体情况，设计者可灵活掌握。

表 5.2.1　选用 TTL 和 CMOS 的原则

对器件性能的要求		推荐选用的器件种类
工作频率	其他要求	产品种类
不高（如 5 MHz 以下）	使用方便、成本低、不易损坏	肖特基低功耗 TTL
高（如 30 MHz）		高速 TTL
较低（如 1 MHz 以下）	功耗小或输入电阻大或抗干扰	普通 CMOS
较高	容限大，或高低电平一致性好	高速 CMOS

（4）在同一电路中，CMOS 器件可以与 TTL 器件混合使用，为使二者的高、低电平兼容，CMOS 器件应尽量使用 5 V 电源。但与用 15 V 供电的情况相比，其某些性能有所下降。例如，抗干扰的容限减小、传输延迟时间增长等。因此，必要时 CMOS 器件仍需采用 15 V 电源供电，此时，CMOS 器件与 TTL 器件之间必须加电平转换电路。

（5）集成电路的常用封装方式有三种，即扁平式、直立式和双列直插式。为便于安装、更换、调试和维修，在一般情况下，应尽可能选用双列直插式集成电路。

3）选择阻容元件

电阻和电容是两种常用的分立元件，它们的种类很多，性能各异。阻值相同、品种不同的两种电阻或容量相同、品种不同的两种电容用在同一电路中的同一位置，可能效果大不一样，此外，价格和体积也可能相差很大。设计者应当熟悉各种常用电阻和电容的种类、性能和特点，以便根据电路的要求进行选择。

4）选择分立半导体元件

在选择分立半导体元件时，首先要熟悉它们的功能，掌握它们的应用范围；再根据电路的功能要求和元器件在电路中的工作条件，如通过的最大电流、最大反向工作电压、最高工作频率、最大消耗的功率等，确定元器件的型号。

5. 绘制总体电路图

系统总体电路图是在总框图、单元电路设计、参数计算和元器件选择的基础上绘制的，它是组装、调试、印制电路板设计和维修的依据。目前，绘制电路图一般是在计算机上利用绘图软件完成的。绘制电路图时要注意以下几点：

（1）总体电路图应尽可能画在同一张图纸上，同时注意信号的流向，一般从输入端画起，由左至右或由上至下按信号的流向依次画出各单元电路。如果电路图比较复杂，可以先将主电路图画在一张图纸上，然后将其余的单元电路画在一张或数张图纸上，并在各图纸所有端口两端标注上标号，依次说明各图纸之间的连线关系。

（2）注意总体电路图的紧凑和协调，要求布局合理、排列均匀。图中元器件的符号应标准化，元件符号旁边应标出型号和参数。集成电路通常用框表示，在框内标出它的型号，在框的边线两侧标出每根连线的功能和引脚号。

（3）连线一般画成水平线和垂直线，并尽可能减少交叉和拐弯。对于交叉连接的线，应在交叉处用圆点标出；对于连接电源正极的连线，仅需标出电源的电压值；对于连接电源负极的连线，一般用接地符号表示即可。

6. 模拟仿真

如果按设计好的系统总体电路图直接进行安装调试，一般很难做到一次成功，可能要进行反复实验、调试，颇为费时费力，甚至由于工作场地、实验仪器或元器件品种数量的限制，无法及时完成实验。所以，运用电子设计自动化（EDA）工具进行模拟仿真测试，是确定设计的正确性和进一步修改完善设计的最好途径。在计算机工作平台上，利用 EDA 软件，能够对各种电子电路进行调试、测量、修改，大大提高了电子设计的效率和精确度，同时缩短了产品开发周期，降低了设计费用。目前，电子电路辅助分析与设计的常用软件有 Multisim、PSPICE、Protel、EWB（Electronics Work Bench）、Proteus 等。其中，Multisim 14 软件的特点在第 2 章已经介绍。而 EWB 界面直观、操作方便，有数千种电路元器件（及其参数）、7 种模拟电子仪表供选，将所设计的电路原理图在 EWB 界面下创建并用其仪器库中的模拟仪表进行仿真测试，若发现问题，可立即修改参数，重新调试直至得到满意的设计。如果需要，软件可将设计结果直接输出至常见的印制线路板排版软件（如Protel、OrCAD 等），形成 PCB 图。

7. 电子系统的安装和调试

1）安装

按系统总体电路图备好所需要的元器件等以后，如何把这些元器件按电路图组装起来，电路各部分应放在什么位置，是用一块电路板还是用多块电路板组装，每块板上电路元件如何布置，等等，都属于电路安装布局的问题。

电子电路安装布局分为整体结构布局和电路板结构布局两种。其具体分述如下：

（1）整体结构布局。这是一个空间布局的问题。应从全局出发，决定电子装置各部分的空间位置。例如，电源变压器、电路板、执行机构、指示与显示部分、操作部分以及其他部分等，在空间尺寸不受限制的场合，这些都比较好布局，而在空间尺寸受到限制且组成部分多而复杂的场合，布局是十分艰难的，常常要对多个布局方案进行比较，多次反复是常有的事。

整体结构布局没有一个固定的模式，只有以下一些应遵循的原则：

① 注意电子装置的重心平衡与稳定。为此，变压器和大电容等比较重的器件应安装在装置的底部，以降低装置的重心，还应注意装置前后、左右的重量平衡。

② 注意发热部件的通风散热。为此，大功率管应加装散热片，并布置在靠近装置的外壳且开凿通风孔，必要时加装小型排风扇。

③ 注意发热部件的热干扰。为此，半导体器件、热敏器件、电解电容等应尽可能远离发热部件。

④ 注意电磁干扰对电路正常工作的影响，容易接受干扰的元器件（如高放大倍数放大器的第一级等）应尽可能远离干扰源（如变压器、高频振荡器、继电器、接触器等）。当远离有困难时，应采取屏蔽措施（即将干扰源屏蔽或将易受干扰的元器件屏蔽起来）。此外，输入级也应尽可能地远离输出级。

⑤ 注意电路板的分块与布置。如果电路规模不大或电路规模虽大但安装空间没有限制，则尽可能采用一块电路板；否则采用多块电路板。分块的原则是指按电路功能分块，不一定一块一个电路功能，可以一块有几个电路功能。电路板可以卧式布置，也可以立式

布置，这要视具体空间而定。不论采用哪一种，都应考虑到安装、调试和维修的方便。此外，与指示和显示有关的电路板最好是安装在面板附近。

⑥ 注意连线的相互影响。强电流线与弱电流线应分开走，输入级的输入线应与输出级的输出线分开走。

⑦ 操作按钮、调节按钮、指示器与显示器等都应安装在装置的面板上。

⑧ 注意安装、调试和维修的方便，并尽可能注意整体布局的美观。前述七项布局的原则是从技术角度出发提出来的，在尽量满足这些原则的前提下，应特别注意安装、调试和维修的方便，以及整体美观。

（2）电路板结构布局。在一块板上按电路图把元器件组装成电路，其组装方式通常有两种：插接方式和焊接方式。插接方式是在面包板上进行的，电路元器件和连线均接插在面包板的孔中；焊接方式是在印刷板上进行的，电路元器件焊接在印刷板上，电路连线则为特制的印刷线。

不论是哪一种组装方式，都必须考虑元器件在电路板上的结构布局问题。布局的优劣不仅影响到电路板的走线、调试、维修及外观，也对电路板的电气性能有一定影响。

电路板结构布局没有固定的模式，不同的设计者所进行的布局设计不同，这不足为奇，但有一些供参考的原则，具体如下：

① 首先布置主电路的集成块和晶体管的位置。安排的原则是，按主电路信号流向的顺序布置各级的集成块和晶体管。当芯片多而板面有限时，布成一个"U"字形，"U"字形的口一般应尽量靠近电路板的引出线处，以利于第一级的输入线、末级的输出线与电路板引出线之间的连线。此外，集成块之间的间距（即空余面积）应视其周围元器件的多少而定。

② 安排其他电路元器件（如电阻、电容、二极管等）的位置，原则是按级就近布置。换句话说，就是各级元器件围绕各级的集成块或晶体管布置。如果有发热量较大的元器件，则应注意它与集成块或晶体管之间的间距应足够大些。

③ 连线布置。其原则是：第一级输入线与末级的输出线、强电流线与弱电流线、高频线与低频线等应分开走，其间距应足够大，以避免相互干扰。

④ 合理布置接地线。为避免各级电流通过地线时相互间产生干扰，特别是末级电流通过地线对第一级产生反馈干扰，以及数字电路部分电流通过地线对模拟电路产生干扰，通常采用地线割裂法使各级地线自成回路，然后再分别一点接地（单点接地），如图 5.2.2（a）所示。换句话说，各级的地是割裂的，不直接相连，然后再分别接到公共的"地"上。

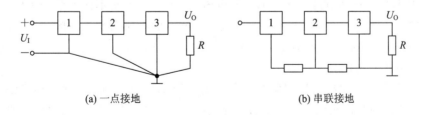

(a) 一点接地　　　　　　　　　(b) 串联接地

图 5.2.2　地线布置

根据上述一点接地的原则，布置地线时应注意以下几点：

① 输出级与输入级不允许共用一条地线。

② 数字电路与模拟电路不允许共用一条地线。

③ 输入信号的"地"应就近接在输入级的地线上。

④ 输出信号的"地"应接公共地，而不是输出级的"地"。

⑤ 各种高频和低频退耦电容的地线应远离第一级的"地"。

显然，上述单点接地的方法可以完全消除各级之间通过地线产生的相互影响，但接地方式比较麻烦且地线比较长，容易产生寄生振荡。因此，在印刷电路板的地线布置上常常采用另一种地线布置方式，即串联接地（如图 5.2.2(b)所示），各级"地"一级一级直接相连后再接到公共的"地"上。

在这种接地方式中，各级地线可就近相连，接地比较简单，但因存在地线电阻，各级电流通过相应的地线电阻会产生干扰电压，影响各级的工作。为了尽量抑制这种干扰，常常采用加粗和缩短地线的方法，以减小地线电阻。

电路板的布局应注意美观和检修方便。为此，集成块的安置方式应尽量一致，不要横的横、竖的竖，电阻、电容等元器件亦应如此。

2）调试

电子电路的调试在电子工程中占有重要地位，是对设计电路的正确与否及性能指标的检测过程，也是初学者实践技能培养的重要环节。

调试过程是利用符合指标要求的各种电子测量仪器，如示波器、万用表、信号发生器、频率计、逻辑分析仪等，对安装好的电路或电子装置进行调整和测量，以保证电路或装置正常工作，同时，判别其性能的好坏、各项指标是否符合要求等。因此，调试必须按一定的方法和步骤进行。

（1）调试的方法和步骤如下：

① 不通电检查。电路安装完毕后，不要急于通电，应首先认真检查接线是否正确，包括多线、少线、错线等，尤其是电源线不能接错或接反，以免通电后烧坏电路或元器件。查线的方式有两种：一种是按照设计电路接线图检查安装电路，在安装好的电路中按电路图一一对照检查连线；另一种是按实际线路，对照电路原理图按两个元器件接线端之间的连线去向检查。无论哪种方法，在检查中都要对已经检查过的连线做标记。万用表对连线检查很有帮助。

② 直观检查。连线检查完毕后，直观检查电源、地线、信号线、元器件接线端之间有无短路，连线处有无接触不良，二极管、三极管、电解电容等有极性元器件引线端有无错接、反接，集成块是否插对等。

③ 通电检查。把经过准确测量的电源电压加入电路，但暂不接入信号源信号。电源接通之后不要急于测量数据和观察结果，首先要观察有无异常现象，包括有无冒烟、有无异常气味、触摸元件是否有发烫现象、电源是否短路等。如果出现异常，应立即切断电源，排除故障后方可重新通电。

④ 分块调试。它包括测试和调整两个方面。测试是在安装后对电路的参数及工作状态进行测量；调整则是在测试的基础上对电路的结构或参数进行修正，使之满足设计要求。

为了使测试能够顺利进行，设计的电路图上应标出各点的电位值、相应的波形以及其他参考数值。

调试方法有两种：一种是边安装边调试，也就是把复杂的电路按原理图上的功能分块进行调试，在分块调试的基础上逐步扩大调试的范围，最后完成整机调试，这种方法被称为分块调试，采用这种方法能及时发现问题和解决问题，是常用的方法，对于新设计的电路更为有效；另一种是整个电路安装完毕后，实行一次性调试，这种方法适用于简单电路或定型产品。这里仅介绍分块调试。

分块调试是把电路按功能分成不同的部分，把每个部分看成一个模块进行调试。比较理想的调试程序是按信号的流向进行，这样可以把前面调试过的输出信号作为后一级的输入信号，为最后的联调创造条件。分块调试分为静态调试和动态调试：

A. 静态调试一般指在没有外加信号的条件下测试电路各点的电位。如测试模拟电路的静态工作点，数字电路的各输入、输出电平及逻辑关系等，将测试获得的数据与设计值进行比较，若超出指标范围，应分析原因，并进行处理。

B. 动态调试可以利用前级的输出信号作为后级的输入信号，也可利用自身的信号来检查电路功能和各种指标是否满足设计要求，包括信号幅值、波形的形状、相位关系、频率、放大倍数、输出动态范围等。模拟电路比较复杂，而对数字电路来说，由于集成度比较高，一般调试工作量不大，只要元器件选择合适，直流工作点状态正常，逻辑关系就不会有太大问题。一般是测试电平的转换和工作速度等。

把静态和动态的测试结果与设计的指标进行比较，经进一步分析后对电路参数实施合理的修正。

⑤ 整机联调。对于复杂的电子电路系统，在分块调试的过程中，由于是逐步扩大调试范围，故实际上已完成了某些局部联调工作。只要做好各功能块之间接口电路的调试工作，再把全部电路接通，就可以实现整机联调。整机联调只需要观察动态结果，即把各种测量仪器及系统本身显示部分提供的信息与设计指标逐一比较，找出问题，然后进一步修改电路参数，直到完全符合设计要求为止。

调试过程中不能单凭感觉和印象，要始终借助仪器观察。使用示波器时，最好把示波器的信号输入方式置于"DC"挡，它是直流耦合方式，同时可以观察被测信号的交、直流成分。被测信号的频率应处于示波器能够稳定显示的频率范围内，如果频率太低，观察不到稳定波形时，应改变电路参数后测量。

（2）调试注意事项如下：

① 测试之前要熟悉各种仪器的使用方法，并仔细加以检查，避免由于仪器使用不当或出现故障而做出错误判断。

② 测试仪器和被测电路应具有良好的共地，只有使仪器和电路之间建立一个公共地参考点，测试的结果才是准确的。

③ 在调试过程中，发现器件或接线有问题需要更换或修改时，应关断电源，待更换完毕且认真检查后方可重新通电。

④ 在调试过程中，不但要认真观察和检测，还要认真记录。包括记录观察的现象、测量的数据、波形及相位关系，必要时在记录中应附加说明，尤其是那些和设计不符合的现象更是记录的重点。依据记录的数据才能把实际观察的现象和理论预计的结果加以定量比较，从中发现问题，加以改进，最终完善设计方案。通过收集第一手资料可以帮助自己积累实际经验，切不可低估记录的重要作用。

⑤ 安装和调试自始至终要有严谨的科学作风，不能抱有侥幸心理。出现故障时，不要手忙脚乱，马虎从事，要认真查找故障原因，仔细做出判断，切不可一遇到故障解决不了时就拆线重新安装。因为重新安装的线路仍然存在各种问题，况且原理上的问题也不是重

新安装电路就能解决的。

3）故障分析与处理

在实践过程中，电路故障常常不可避免。分析故障现象、解决故障问题，可以提高实践和动手能力。分析和排除故障的过程，就是从故障现象出发，通过反复测试，做出分析判断、逐步找出问题的过程。首先要通过对原理图的分析，把系统分成不同功能的电路模块，通过逐一测量找出故障所在区域，然后对故障模块区域内部加以测量并找出故障，即从一个系统或模块的预期功能出发，通过实际测量，确定其功能的实现是否正常来判断是否存在故障，然后逐步深入，进而找出故障并加以排除。

如果是原来正常运行的电子电路，使用一段时间出现故障，其原因可能是元器件损坏或连线发生短路，也可能是使用条件的变化影响电子设备的正常运行。

（1）调试中常见的故障原因：① 实际电路与设计的原理图不符；② 元器件使用不当；③ 设计的原理本身不满足要求；④ 误操作。

（2）查找故障的方法。

查找故障的通用方法是把合适的信号或某个模块的输出信号引到其他模块上，然后依次对每个模块进行测试，直到找到故障模块为止。查找的顺序可以从输入到输出，也可以从输出到输入。找到故障模块后，要对该模块产生故障的原因进行分析、检查。查找模块内部故障的步骤如下：

① 检查用于测量的仪器是否使用得当。

② 检查安装的线路与原理图是否一致，包括连线、元器件的极性及参数、集成电路的安装位置等。

③ 测量元器件接线端的电源电压。使用接插板做实验出现故障时，应判断是否因接线端不良而导致元器件本身没有正常工作。

④ 断开故障模块输出端所接的负载，可以判断故障来自模块本身还是负载。

⑤ 检查元器件使用是否得当或已经损坏。在实践中大量使用的是中规模集成电路，由于它的接线端比较多，使用时会将接线端接错，从而造成故障。在电路中，由于安装前经过调试，元器件损坏的可能性很小。如果怀疑某个元器件损坏，必须对它进行单独测试，并对已损坏的元器件进行更换。

⑥ 反馈回路的故障判断是比较困难的，因为它是把输出信号的部分或全部以某种方式送到模块的输入端口，使系统形成一个闭环回路。在这个闭环回路中，只要有一个模块出故障，整个系统就都存在故障现象。查找故障需要把反馈回路断开，接入一个合适的输入信号，使系统成为一个开环系统，然后再逐一查找发生故障的模块及故障元器件等。

前面介绍的通用方法对一般电子电路都适用，但它具有一定的盲目性，效率低。对于自己设计的系统或非常熟悉的电路，可以采用观察判断法，通过仪器、仪表观察到结果，直接判断故障发生的原因和部位，从而准确、迅速地找到故障并加以排除。

在电路中，当某个元器件静态正常而动态有问题时，往往会认为这个元器件本身有问题，其实有时并非如此。遇到这种情况不要急于更换元器件，首先应检查电路本身的负载能力及提供输入信号的信号源的负载能力。把电路的输出端负载断开，检查是否工作正常，若电路空载时工作正常，说明电路负载能力差，需要调整电路。如断开负载电路仍不能正常工作，则要检查输入信号波形是否符合要求。

由于诸多因素的影响，原来的理论设计可能要做修改，选择的元器件需要调整或改变参数，有时可能还要增加一些电路或元器件，以保证电路能稳定地工作。因此，调试之后很可能要对之前所确定的方案再做修改，最后完成实际的总体电路，制作出符合设计要求的电子设备。

8. 撰写课程设计报告

课程设计报告是设计工作的起点又是设计全过程的总结，是设计思想的归纳又是设计成果的汇总。设计报告可以反映出设计人员的知识水平和层次。

课程设计报告的主要内容有：

（1）课题名称。

（2）设计任务和要求。

（3）方案选择与论证。

（4）方案的原理框图、总体电路图、布线图以及它们的说明，单元电路设计与计算说明，元器件选择和电路参数计算的说明等。

（5）电路调试。对调试中出现的问题进行分析，并说明解决的措施；测试、记录、整理与结果分析。

（6）收获体会、存在问题和进一步的改进意见等。

撰写课程设计报告的一般步骤为：设计方案比较、论证及选择；细化框图；设计关键单元电路；画出受控模块框图；设计控制电路；编写应用程序及管理程序；整机时序设计；关键部位波形分析以及计算机辅助设计成果；画出整机电路图；测试仪器及方法选择；测试数据及结果的分析与处理；列写参考文献；等等。

9. 答辩与评分

1）答辩

学生针对所做课题的整体原理、特点、工作过程，各单元电路的工作原理、性能，主要元器件的选择依据，安装、调试及结果等向答辩组汇报。答辩组教师根据学生汇报和资料情况，提出问题，学生做答。

2）评分

课程设计结束后，教师将根据以下几个方面来评定成绩：

（1）设计方案的正确性与合理性。

（2）实验动手能力（安装工艺水平、调试中分析解决问题的能力，以及创新精神等）。

（3）总结报告。

（4）答辩情况（课题的论述和回答问题的情况）。

（5）设计过程中的学习态度、工作作风和科学精神。

具体评分标准如下：

（1）不及格（60 分以下）：不合要求。

（2）及格（60～69）：遵守实习纪律，设计报告符合要求，基本部分电路原理图绘制正确，工作原理论述清楚，电路板连接正确。

（3）中等（70～79）：在及格的基础上，小组答辩回答问题全部正确。

（4）良好（80～89）：在中等基础上，电路板调试成功，工作稳定、可靠。

（5）优秀（90～100）：在良好基础上，扩展部分电路设计正确安装且调试成功；或选综合提高部分的设计题目电路设计、安装调试正确。

5.3 课程设计报告写作规范

5.3.1 报告组成

1. 题目

题目应简短、明确、有概括性，能恰当准确地反映本报告的研究内容。题目不超过 25 个字，除非确有必要，一般不设副标题。

2. 摘要与关键词

1）摘要

摘要应包括课程背景、研究过程及方法（创新所在）、结果与结论，300 字左右。

2）关键词

关键词一般列 3～5 个，先在题目中找关键词，再去摘要中找关键词。

3. 报告主体

报告主体（正文页数在 15～20 页之间）的内容应包括以下各方面：

（1）课程设计任务与要求。

（2）课程设计内容的设计原理及总体方案设计与选择论证。

（3）课程设计内容的各部分的（包括硬件和软件）设计计算。

（4）课程设计软硬件调试。

4. 结论

设计报告的结论应单独作为一章排写，但不加章号。结论是对整个报告主要成果的总结。

5. 致谢

对指导教师或协助完成设计（报告）工作的组织和个人表示感谢。内容简洁明了、实事求是。

6. 参考文献

参考文献是课程设计（报告）不可缺少的组成部分，所引用的文献必须是本人真正阅读过的、近期发表的、与设计（报告）工作直接有关的文献，列入主要文献 10 篇以上，英文文献 1 或 2 篇。

7. 附录（附录另起页数）

附录是对于一些不宜放在正文中，但又直接反映完成工作的成果内容。如图纸、实验数据、计算机程序等材料附于报告之后。附录所包含的材料是课程设计（报告）的重要组成部分。

5.3.2 书写规定

1. 设计报告的书写

设计报告必须用 A4 纸编排。报告摘要用中英文两种文字给出，编排上中文在前，英文摘要另起一行。

2. 摘要与关键词

摘要的字数一般为 300 字左右，以能将规定的内容阐述清楚为原则。摘要页不需写出报告题目。

英文摘要与中文摘要的内容应完全一致，在英文语法、用词上应正确无误。英文摘要的翻译全部用罗马字体(Times New Roman)，"ABSTRACT"在目录和摘要中要全部用大写。

摘要题头应居中，字样如下：

摘　　　　要　　　　　　　（小 2 号黑体）

摘要的文字部分隔行书写。

摘要文字之后隔一行顶格(齐版心左边线)书写关键词，如下：

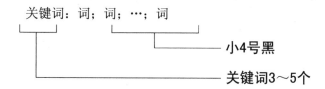

3. 目录

目录中各章题序及标题用小 4 号黑体，其余用小 4 号宋体，行间距为 1.25 倍。

目录包含：摘要(中、英文)、正文章节题目、总结、参考文献、致谢和附录。

4. 报告正文

报告正文分章节撰写，每章应另起一页。各章标题不得使用标点符号。

各章题序及标题	小 2 号黑体，段前段后各空 1.5 行，单倍行距
各节的一级题序及标题	小 3 号黑体，段前段后各空 1 行，单倍行距
各节的二级题序及标题	4 号黑体，段前段后各空 1 行，单倍行距
各节的三级题序及标题	小 4 号黑体，段前段后各空 1 行，单倍行距
款、项	均采用 4 号黑体，段前段后各空 1 行，单倍行距

正文用小 4 号宋体。行间距为多倍行距(1.25 倍)。

5. 插表(表题字体用五号黑体)

表序一般按章编排，如第 1 章第一个插表的序号为"表 1.1"等。表序与表名之间空一格，表序与表名置于表上，居中排写。

6. 插图(图题字体用五号黑体)

每个图均应有图题(由图号和图名组成)。图号按章编排，如第一章第一个图的图号为"图 1.1"等。图题置于图下，居中书写。图名在图号之后空一格排写。

7. 公式

公式应居中书写，公式的编号用圆括号括起放在公式右边行末，公式和编号之间不加虚线，公式编号用圆括号括起来，编号一般按章编排，如第 1 章第一个公式的编号为"(1.1)"等。

8. 参考文献(字体用五号宋体)

常用参考文献编写项目和顺序规定如下：

(1) 专著、报告集、学位报告、报告：

［序号］　著者. 文献题名［文献类型标识］. 出版地：出版者，出版年. 起止页码.

(2) 期刊文章：

［序号］ 著者. 文献题名［J］. 刊名，年，卷（期）：起止页码.

（3）电子文献：

［序号］ 著者. 电子文献题名［文献类型标识/载体类型标识］. 电子文献的出处或可获得地址，发表或更新日期/引用日期（任选）.

（4）翻译图书文献：

［序号］ 作者. 书名. 译者. 版次. 出版者，出版年：引用部分起止页.

9. 页眉示例

页眉应居中置于页面上部。报告的页码置于页面底部右下角（第　页 共　页）。字体用五号宋体。

10. 正文层次

正文层次的编排格式如表 5.3.1 所示。

表 5.3.1　正文层次的编排格式

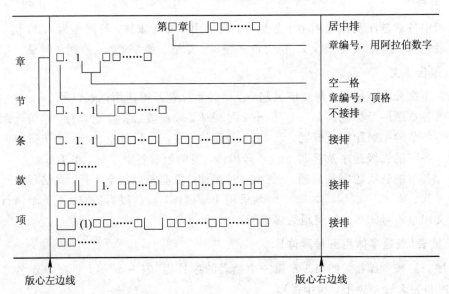

各层次题序及标题不得置于页面的最后一行。

5.4　课程设计示例

5.4.1　脉搏计设计

1. 设计任务

设计一个脉搏计，要求实现在 15 s 内测量 1 min 的脉搏数，并且显示其数字。正常人脉搏数为（60～80）次/min，婴儿为（90～100）次/min，老人为（100～150）次/min。

2. 设计方案

1）课题分析

电子脉搏计是用来测量一个人心脏跳动次数的电子仪器，也是心电图的主要组成部

分。由给出的设计技术指标可知,脉搏计用来测量频率较低的小信号(传感器输出电压一般为几个毫伏),它的基本功能为:

(1) 传感器将脉搏的跳动转换为电压信号,并加以放大、整形和滤波。

(2) 在短时间内(15 s 内),测出每分钟的脉搏数。

2) 选择总体方案

满足上述设计要求可以实施的方案很多。

(1) 方案 I 如图 5.4.1 所示。

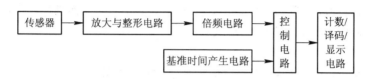

图 5.4.1　脉搏计方案 I

在图 5.4.1 中,各部分功能如下:

① 传感器:将脉搏跳动信号转换为与之相对应的电脉冲信号。

② 放大与整形电路:将传感器的微弱信号放大,整形除去杂散信号。

③ 倍频电路:将整形后所得到的脉冲信号的频率提高。若将 15 s 内传感器所获得的信号频率 4 倍频,即可得到对应 1 min 的脉冲数,从而缩短测量时间。

④ 基准时间产生电路:产生短时间的控制信号,以控制测量时间。

⑤ 控制电路:用以保证在基准时间控制下,使 4 倍频后的脉冲信号送到计数、显示电路中。

⑥ 计数/译码/显示电路:用来读出脉搏数,并以十进制数的形式由数码管显示出来。

⑦ 电源电路:按电路要求提供符合要求的直流电源。

此方案中,由于对脉冲进行了 4 倍频,计数时间也相应地缩短到了原来的 1/4(15 s),而数码管显示的是 1 min 的脉搏跳动次数。用这种方案测量的误差为 ±4 次/min,测量时间越短,误差就越大。

(2) 方案 II 如图 5.4.2 所示。该方案是首先测出脉搏跳动 5 次所需的时间,然后再换算为每分钟脉搏跳动的次数,这种测量方法的误差小,可达 ±1 次/min。此方案的传感器、放大与整形电路、计数/译码/显示电路与方案 I 完全相同,现将其余部分的功能概述如下:

① 六进制计数器:用来检测 6 个脉搏信号,产生 5 个脉冲周期的门控信号。

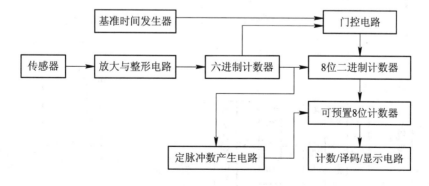

图 5.4.2　脉搏计方案 II

② 基准时间(脉冲)发生器：产生周期为 0.1 s 的基准脉冲信号。

③ 门控电路：控制基准脉冲信号进入 8 位二进制计数器。

④ 8 位二进制计数器：对通过门控电路的基准脉冲进行计数。例如，5 个脉搏周期为 5 s，即门打开 5 s 的时间，让 0.1 s 周期的基准脉冲信号进入 8 位二进制计数器，显然计数值为 50；反之，由它可相应求出 5 个脉冲周期的时间。

⑤ 定脉冲数产生电路：产生定脉冲数信号，如 3000 个脉冲送入可预置 8 位计数器输入端。

⑥ 可预置 8 位计数器：以 8 位二进制计数器输出值(如 50)作为预置数，对 3000 个脉冲进行分频，所得的脉冲数(如得到 60 个脉冲信号)即心率，从而完成计数值换成每分钟的脉搏次数，现在所得的结果即为每分钟的脉搏数。

3) 方案比较

方案I结构简单，易于实现，但测量精度偏低；方案II电路结构复杂，成本高，但测量精度较高。根据设计要求，在满足设计要求的前提下，应尽量简化电路，降低成本，故选择方案I。

3. 单元电路的设计

按图 5.4.1 对各部分电路进行设计。

1) 传感器

传感器采用了红外光电转换器，其通过红外光照射人的手指的血脉流动情况，把脉搏跳动转换为电信号。其原理电路如图 5.4.3 所示。

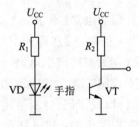

在图 5.4.3 中，红外线发光管 VD 采用 TLN104，接收三极管采用 TLP104。用 5 V 电源供电，R_1 取 500 Ω，R_2 取 10 kΩ。

图 5.4.3　传感器原理电路

2) 放大与整形电路

图 5.4.4 所示为放大与整形电路框图。传感器将脉搏信号转换为电信号，该信号一般为几十毫伏，必须加以放大，以达到整形电路所需的电压(一般为几伏)。放大后的信号波形是不规则的脉冲信号，因此必须加以滤波整形，整形电路的输出电压应满足计数器的要求。

(1) 放大整形电路。由于传感器输出电阻比较高，故放大整形电路采用了同相放大器电路，如图 5.4.5 所示。放大整形电路的电压放大倍数为 10 倍左右，集成运放采用了 LM324，其电路参数为：$R_4 = 100$ kΩ，$R_5 = 910$ kΩ，R_3 为 10 kΩ 电位器，$C_1 = 100$ μF，电源电压为 5 V。

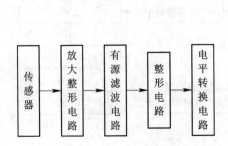

图 5.4.4　放大与整形电路框图

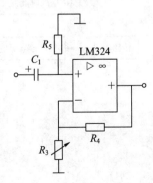

图 5.4.5　同相放大器电路

（2）有源滤波电路。它采用了二阶压控有源低通滤波电路，如图 5.4.6 所示，其把脉搏信号中的高频干扰信号去掉，同时把脉搏信号加以放大，考虑到去掉脉搏信号中的干扰尖脉冲后，所以有源滤波电路的截止频率均为 1 kHz 左右，为了使脉搏信号放大到整形电路所需的电压值，通常电压放大倍数选用 1.6 倍左右。其集成运放采用了 LM324。图中 R_6、R_7 为 1.6 kΩ，R_8 为 15 kΩ，R_9 为 9.1 kΩ，C_2、C_3 为 0.1 μF。

（3）整形电路。经过放大滤波后的脉搏信号仍是不规则的脉冲信号，并且有低频干扰，仍不满足计数器的要求，必须采用整形电路。这里选用了滞回电压比较器，如图 5.4.7 所示，其目的是为了提高抗干扰能力。集成运放采用了 LM339。其电路参数为：R_{10} = 5.1 kΩ，R_{11} = 100 kΩ，R_{12} = 5.1 kΩ，电源电压为 5 V。由于 LM339 属于集电极开路输出，使用时输出端应加 2 kΩ 的上拉电阻。

（4）电平转换电路。由比较器输出的脉冲信号是一个正、负脉冲信号，不满足计数器要求的脉冲信号，故采用电平转换电路，如图 5.4.7 所示。

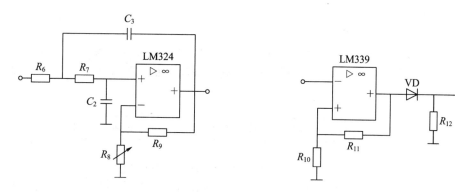

图 5.4.6　二阶有源滤波电路（图中运算器需用三角形，下同）　　　　图 5.4.7　电平转换电路

综合上述设计，放大与整形部分的总电路如图 5.4.8 所示。

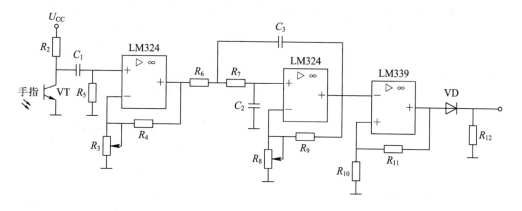

图 5.4.8　放大与整形部分的总电路

3）倍频电路

倍频电路的作用是对放大整形后的脉搏信号进行 4 倍频，以便在 15 s 内测出 1 min 内的人体脉搏跳动次数（脉搏数），从而缩短测量时间，以提高诊断效率。

倍频电路的形式很多，如锁相倍频器、异或门倍频器等，由于锁相倍频器电路比较复杂，成本比较高，所以这里采用了能满足设计要求的异或门组成的 4 倍频电路，如图 5.4.9 所示。

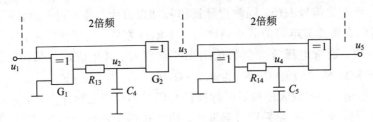

图 5.4.9　4 倍频电路

G_1 和 G_2 构成 2 倍频电路，利用第一个异或门的延迟时间对第二个异或门产生作用，当输入由"0"变成"1"或由"1"变成"0"时，都会产生脉冲输出。

电容器 C 的作用是为了增加延迟时间，从而加大输出脉冲宽度。根据实验结果选用 $C_4 = 33\ \mu\text{F}$，$R_{13} = 10\ \text{k}\Omega$，$R_{14} = 10\ \text{k}\Omega$，$C_5 = 6.8\ \mu\text{F}$。由两个 2 倍频电路就构成了 4 倍频电路。其中，异或门选用了 CC4070。

4）基准时间产生电路

基准时间产生电路的功能是产生一个周期为 30 s（即脉冲宽度为 15 s）的脉冲信号，以控制在 15 s 内完成一分钟的测量任务。实现这一功能的方案很多，一般采用如图 5.4.10 所示的方案。

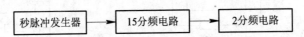

图 5.4.10　基准时间产生电路框图

由图 5.4.10 可知，该电路由秒脉冲发生器、15 分频电路和 2 分频电路组成。

（1）秒脉冲发生器。为了保证基准时间的准确，我们采用了石英晶体振荡电路，石英晶体的主频为 32.768 kHz；反相器采用 CMOS 器件。R_{15} 可在 5 MΩ～30 MΩ 范围内选择，R_{16} 可在 10 kΩ～150 kΩ 范围内选择，振荡频率基本等于石英晶体的谐振频率，改变 C_7 的大小对振荡频率有微调的作用。这里 R_{15} 为 5.1 MΩ，R_{16} 为 51 kΩ，C_6 为 56 pF，C_7 为 3 pF～56 pF，反相器利用了 CC4060 中的反相器，如图 5.4.11 和图 5.4.12 所示。选用 CC4060 14 位二进制计数器对 32.768 kHz 进行 14 次 2 分频，产生一个频率为 2 Hz 的脉冲信号，然后用双 D 触发器 CC4013 进行 2 分频得到周期为 1 s 的脉冲信号。

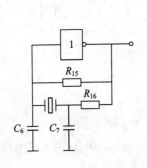

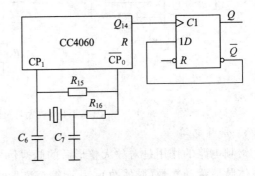

图 5.4.11　石英晶体振荡器　　　　　图 5.4.12　秒脉冲发生器

（2）15 分频和 2 分频电路如图 5.4.13 所示。其由 SN74161 组成 15 进制计数器，进行 15 分频，然后用 CC4013 组成 2 分频电路，产生一个周期为 30 s 的方波，即一个脉冲宽度为 15 s 的脉冲信号。

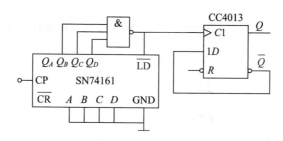

图 5.4.13　15 分频和 2 分频电路

（3）基准时间产生电路如图 5.4.14 所示。其由图 5.4.12 和图 5.4.13 级联而成。

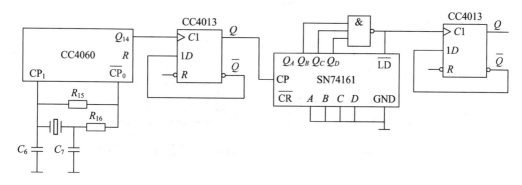

图 5.4.14　基准时间产生电路

5）计数/译码/显示电路

计数/译码/显示电路的功能是读出脉搏数，以十进制数形式用数码管显示出来，如图 5.4.15 所示。

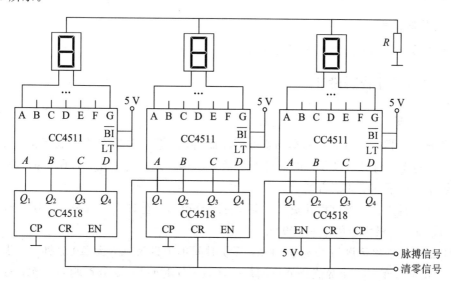

图 5.4.15　计数/译码/显示电路

因为人的脉搏数最高是 150 次/min，所以采用 3 位十进制计数器即可。该电路用双 BCD 码同步十进制计数器 CC4518 构成 3 位十进制加法计数器，用 CC4511 BCD 码七段译码器译码，用七段数码管 LT547R 完成七段显示。

6）控制电路

控制电路的主要作用是控制脉搏信号经放大、整形、倍频后进入计数器的时间。另外，还应具有为各部分电路清零等功能，如图 5.4.16 所示。

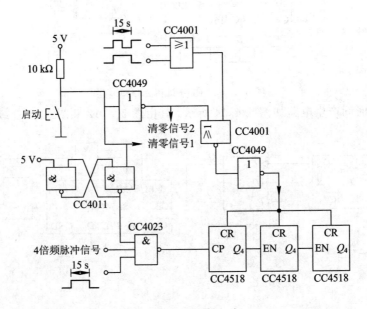

图 5.4.16　控制电路

4. 画出总体电路图

根据以上设计好的单元电路和图 5.4.1 所示的框图，可画出本课题的总体电路，如图 5.4.17 所示。

5. 安装与调试

按 5.1 节介绍的方法进行安装与调试。

5.4.2　出租车计费器设计

1. 设计任务

出租车计费器是根据客户用车的实际情况而自动计算、显示车费的数字表。数字表根据起步价、行车里程计费及等候时间计费三项显示客户用车总费用，打印单据，还可设置起步、停车的音乐提示或语言提示。

（1）计费器具有行车里程计费、等候时间计费和起步价计费三部分，三项计费统一用 4 位数码管显示，最大金额为 99.99 元。

（2）行车里程单价设为 1.80 元/km，等候时间单价设为 1.5 元/10 分钟，起步价设为 8.00 元。要求行车时，计费值每公里刷新一次；等候时间每 10 分钟刷新一次；行车不到 1 km 或等候不足 10 分钟，则忽略计费。

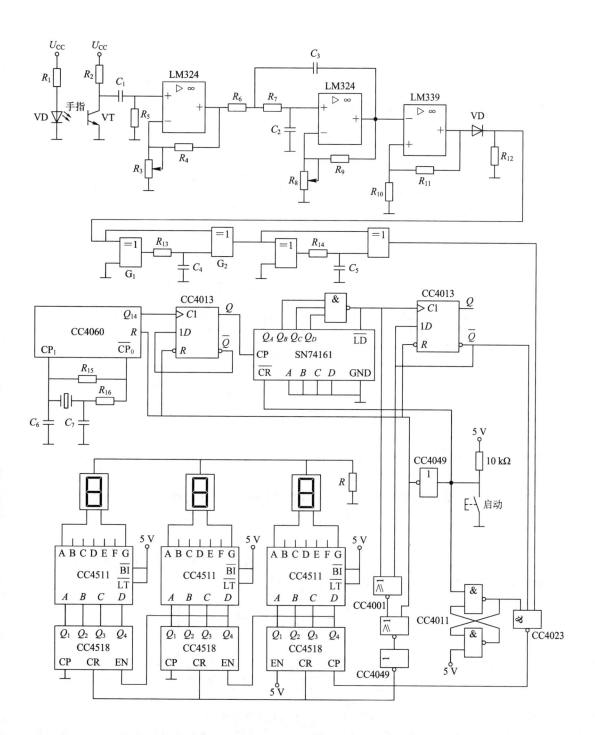

图 5.4.17　脉搏计的总体电路

（3）在启动和停车时给出声音提示。

2. 设计方案

• 方案1：以计数器电路为主的计费器。

出租车计费器的原理框图如图5.4.18所示。其分别将行车里程、等候时间都按相同的比价转换成脉冲信号，然后对这些脉冲信号进行计数，而起步价可以通过预置送入计数器作为初值。行车里程计数电路每行车1 km输出一个脉冲信号，启动里程单价计数器输出与单价对应的脉冲信号。例如，单价是1.80元/km，则设计一个一百八十进制计数器，每公里输出180个脉冲到总费计数电路中，即每个脉冲为0.01元。等候时间计数电路将来自时钟电路的秒脉冲作为六百进制计数，得到10分钟信号，用10分钟信号控制一个一百五十进制计数器(10分钟单价计数器)向总费计数电路输入150个脉冲。这样，总费计数电路根据起步价所置的初值，加上里程脉冲、等候时间脉冲即可得到总的用车费用。

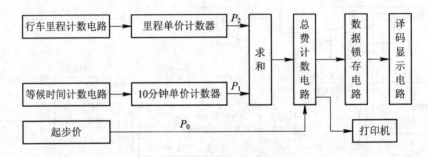

图5.4.18　出租车计费器的原理框图

在该方案中，如果将里程单价计数器和10分钟单价计数器用比例乘法器完成，则可以得到较简练的电路。它将里程脉冲乘以单价比例系数得到代表里程费用的脉冲信号，等候时间脉冲乘以单位时间的比例系数得到代表等候费用的脉冲信号，然后对这两部分脉冲求和。

若总费计数电路采用BCD码加法器，即利用每计满1 km的里程信号、每等候10分钟的时间信号控制加法器加上相应的单价值，就能计算出用车费用。

• 方案2：采用单片机为主实现自动计费。

单片机具有较强的计算功能，以8位MCS51系列的单片机89C51加上外围电路同样能方便地实现设计要求。电路框图如图5.4.19所示。

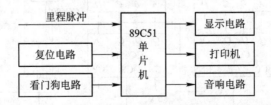

图5.4.19　出租车计费器原理

• 方案3：采用VHDL编程，用FPGA/CPLD制作专用集成电路芯片ASIC，加上少数外围电子元件，即可实现设计要求。

将各种方案进行比较，根据设计任务的要求、各方案的优缺点、设计制作所具备的条

件，任选其中的一种方案做具体设计。本例作为传统电子设计方法的实例，采用方案 1
实现。

3. 单元电路设计

1）行车里程计费电路

行车里程计费电路如图 5.4.20 所示。

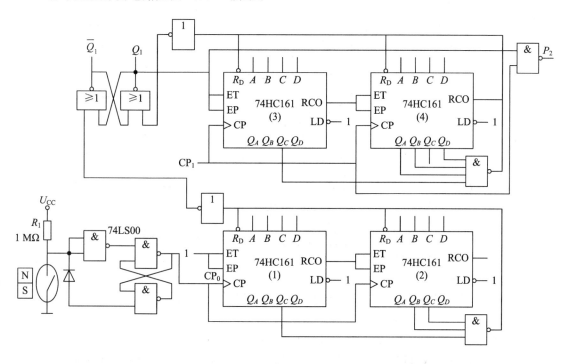

图 5.4.20 行车里程计费电路

安装在与汽车轮相接的变速器上的磁铁使干簧继电器在汽车每前进 10 m 闭合一次，
即输出一个脉冲信号。汽车每前进 1 km 就输出 100 个脉冲。此时，计费器应累加 1 km 的
计费单价，本电路设为 1.80 元。在图 5.4.20 中，干簧继电器产生的脉冲信号经施密特触
发器整形得到 CP_0。CP_0 送入由两片 74HC161（属 CMOS 型）构成的一百进制计数器，当计
数器计满 100 个脉冲时，一方面使计数器清零；另一方面将基本 RS 触发器的 Q_1 置为"1"，
使 74HC161（3）和（4）组成的一百八十进制计数器开始对标准脉冲 CP_1 计数，计满 180 个
脉冲后，使计数器清零。基本 RS 触发器复位为"0"，计数器停止计数。在一百八十进制计
数器计数期间，$Q_1 = 1$，P_2 端输出 180 个脉冲信号，代表每公里行车的里程计费，即每个
脉冲的计费是 0.01 元，称为脉冲当量。

2）等候时间计费电路

等候时间计费电路如图 5.4.21 所示。其由 74HC161（1）、（2）、（3）构成的六百进制计
数器对秒脉冲 CP_2 进行计数，当计满一个循环时也就是等候时间满 10 分钟。一方面，对六
百进制计数器清零；另一方面，将基本 RS 触发器置为 1，启动 74HC161（4）和（5）构成的一
百五十进制计数器（10 分钟等候单价）开始计数，计数期间同时将脉冲从 P_1 输出。在计数
器计满 10 分钟等候单价时将基本 RS 触发器复位为"0"，停止计数。从 P_1 输出的脉冲数就
是每等候 10 分钟输出 150 个脉冲，表示单价为 1.50 元，即脉冲当量为 0.01 元，等候计时

的起始信号由接在 74HC161(1) 的手动开关给定。

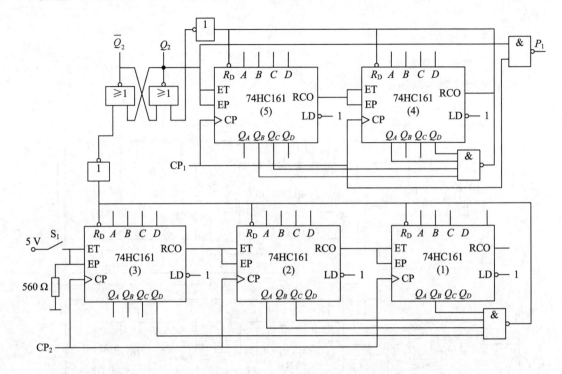

图 5.4.21　等候时间计费电路

3）计数、锁存和显示电路

计数、锁存和显示电路如图 5.4.22 所示。其中，计数器由 4 位 BCD 码计数器 74LS160 构成，对来自行车里程计费电路的脉冲 P_2 和来自等候时间计费电路的脉冲 P_1 进行十进制计数。计数器所得到的状态值送由 2 片 8 位锁存器 74LS273 构成的锁存电路锁存，然后由 BCD 码七段译码器 74LS48 译码后送到共阴极 LED 数码管显示。

计数、译码和显示电路为使显示数码不闪烁，需要保证计数、锁存和计数器清零信号之间正确的时序关系，如图 5.4.23 所示。由图 5.4.23 所示的时序关系结合图 5.4.22 的电路可见，在 Q_2 或 Q_1 为高电平期间，计数器对里程脉冲 P_2 或等候时间脉冲 P_1 进行计数，当计完 1 km 脉冲（或等候 10 min 脉冲）时，计数结束。现在应将计数器的数据锁存到 74LS273 中以便进行译码显示，锁存信号由 74LS123(1) 构成的单稳态电路实现，当 Q_1 或 Q_2 由 1 变 0 时启动单稳电路延时而产生一个正脉冲，这个正脉冲的持续时间保证数据锁存可靠。锁存到 74LS273 中的数据由 74LS48 译码后，在显示器中显示出来。只有在数据可靠锁存后才能清除计数器中的数据。因此，电路中用 74LS123(2) 设置了第二级单稳电路，该单稳电路用第一级单稳输出脉冲的下跳沿启动，经延时后使第二级单稳输出产生计数器的清零信号。这样就保证了"计数—锁存—清零"的先后顺序，保证计数和显示的稳定可靠。

在图 5.4.22 中，S_2 为上电开关，能实现上电时自动置入起步价，S_3 可实现手动清零，使计费显示为 00.00。其中，小数点为固定位置。

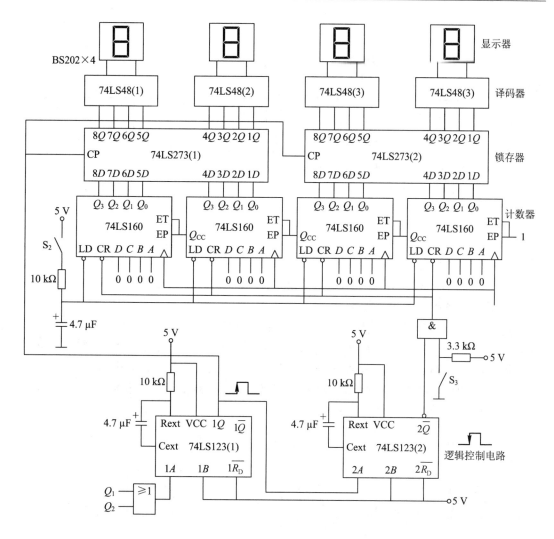

图 5.4.22 计数、锁存和显示电路

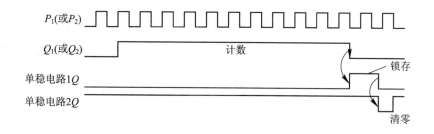

图 5.4.23 计数、锁存和计数器清零信号之间的时序关系

4）时钟电路

时钟电路提供等候时间计费的计时基准信号，同时作为行车里程计费和等候时间计费的单价脉冲源，电路如图 5.4.24 所示。

在图 5.4.24 中，555 定时器产生 1 kHz 的方波信号，经 74LS90 组成的 3 级 10 分频

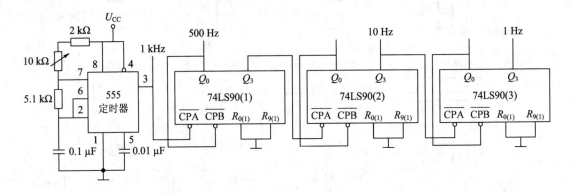

图 5.4.24 时钟电路

后，得到 1 Hz 的脉冲信号，可作为计时的基准信号。同时，可选择经分频得到的 500 Hz 脉冲作为 CP_1 的计数脉冲。也可采用频率稳定度更高的石英晶体振荡器。

5）置位电路和脉冲产生电路

在数字电路的设计中，常常还需要产生置位、复位的信号，如 S_D、R_D。这类信号分高电平有效、低电平有效两种。由于实际电路在接通电源瞬间的状态往往是随机的，需要通过电路自动产生置位、复位电平使之进入预定的初始状态，如前面设计中的图 5.4.22，其中 S_2 就是通过上电实现计数器的数据预置的。图 5.4.25 给出了几种开机自动置位、复位和置数的电路。

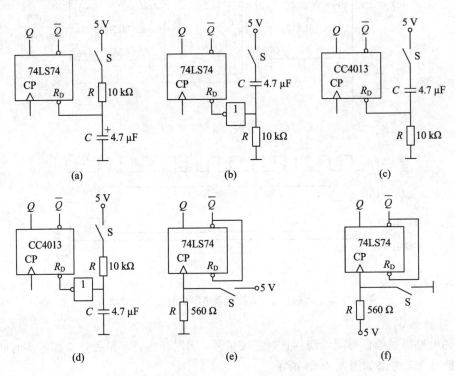

图 5.4.25 开机自动置位、复位和置数的电路

在图 5.4.25(a)中，当 S 接通电源时，由于电容 C 两端电压不能突变仍为零，使 R_D 为 0，产生 Q 置"0"的信号。此后，C 被充电，当 C 两端的电压上升到使 R_D 为 1 时，D 触发器进入计数状态。图 5.4.25(b)由于非门对开关产生的信号进行了整形而得到更好的负跳变波形。图 5.4.25(c)和图 5.4.25(d)中的 CC4013 是 CMOS 双 D 触发器，这类电路置位和复位信号是高电平有效，由于开关闭合时电容可视为短路而产生高电平，使 $R_D=1$，$Q=0$；若将此信号加到 S_D，则 $S_D=1$，$Q=1$；置位、复位过后，电容充电而使 $R_D(S_D)$ 变为 0，电路可进入计数状态。图 5.4.25(e)用开关电路产生点动脉冲，每按一次开关产生一个正脉冲，使触发器构成的计数器计数 1 次；图 5.4.25(f)用开关电路产生负脉冲，每按一次开关产生一个负脉冲。

4. 安装与调试

按 5.1 节介绍的方法进行安装与调试。

5.5　课程设计参考题目

5.5.1　基本设计题目

1. 波形发生器

1）设计要求

用中小规模集成芯片设计产生方波、三角波和正弦波等多种波形信号输出的波形发生器，具体要求如下：

（1）输出波形工作频率范围为 0.02 Hz～20 kHz 且连续可调。

（2）正弦波幅值为 ±10 V，失真度小于 1.5%。

（3）方波幅值为 ±10 V。

（4）三角波峰-峰值为 20 V，各种输出波形幅值均连续可调。

2）设计原理

（1）用正弦波振荡器实现，如图 5.5.1 所示。

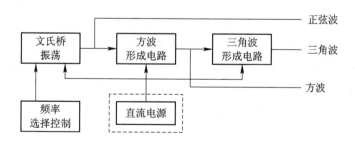

图 5.5.1　波形发生器原理框图一

（2）用多谐振荡器实现，如图 5.5.2 所示。

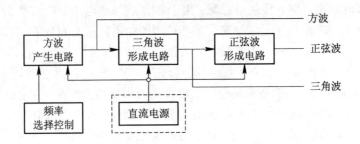

图 5.5.2　波形发生器原理框图二

3）主要参考元器件

芯片 ICL8038、LM353，电阻、电容若干。

4）扩展

设计电路所需的直流电源。

2. 有线双工对讲机

1）设计要求

用中小规模集成芯片设计并制作一对实现甲、乙双方异地有线通话的双工对讲机，具体要求如下：

（1）全双工双向对讲，互不影响，要求声音洪亮清晰。

（2）对讲距离为 30 m～500 m。

（3）电源电压为 9 V，$P \leqslant 0.5$ W。

（4）音频失真度小于 10%，具有呼叫对方的功能。

2）设计原理

双工对讲机原理框图如图 5.5.3 所示。

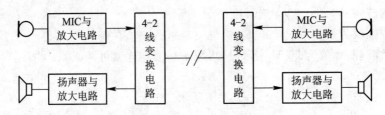

图 5.5.3　双工对讲机原理框图

需要说明的是，呼叫对方的功能是指利用发送端产生一个音频信号加到对方扬声器；4-2 线变换电路实现消侧音的功能。

3）主要参考元器件

芯片 LM386，驻极体麦克风（MIC），8 Ω 扬声器，音频变压器（可选），电阻、电容若干。

4）扩展

制作电路所需工作电源。

3. 篮球竞赛 30 s 计时器

1）设计要求

用中小规模集成芯片设计篮球竞赛 30 s 计时器，具体要求如下：

（1）显示 30 s 计时功能。

（2）设置外部操作开关，控制计数器的直接清零、启动和停止功能。

（3）在直接清零时，要求数码显示器灭灯。

（4）计时器为 30 s 递减计时，计时间隔为 1 s。

（5）计时器递减计时到零时，数码显示器不能灭灯，同时发出光电报警信号。

2）设计原理

篮球竞赛 30 s 计时器原理框图如图 5.5.4 所示。

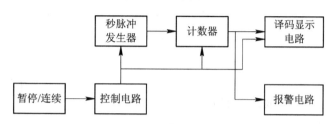

图 5.5.4 篮球竞赛 30 s 计时器原理框图

图 5.5.4 包括秒脉冲发生器、计数器、译码显示电路、辅助时序控制电路（简称控制电路）和报警电路等五个部分。其中，计数器和控制电路是系统的主要部分。计数器完成 30 s 计时外部操作功能，而控制电路则直接控制计数器的清零、计数启动和译码显示电路的显示、灭灯功能。

为了保证系统的设计要求，在设计控制电路时，应正确处理各个信号之间的时序关系。

（1）操作直接清零开关时，要求计数器清零，数码显示器灭灯。

（2）当启动开关闭合时，控制电路应封锁时钟信号（秒脉冲信号），同时计数器完成置数功能，译码显示电路显示 30 s 的字样；当启动开关断开时，计数器开始计数。

3）主要参考元器件

芯片 74LS192、74LS279、74LS00、74LS161、74LS48，555 定时器，LED 数码管，电阻、电容若干。

4）扩展

（1）暂停和连续计数功能。当暂停后需要连续计数时，计数器继续累计计数。

（2）外部操作开关都应采取消抖措施，以防止因机械抖动而造成电路工作不稳定。

4. 汽车尾灯控制电路

1）设计要求

设计一个控制汽车 6 个尾灯的电路，用 6 个指示灯模拟 6 个尾灯（汽车每侧 3 个灯），并用两个拨动式（乒乓）开关作为转弯信号源：一个乒乓开关用于指示右转弯，一个乒乓开关用于指示左转弯，如果两个乒乓开关都被接通，说明驾驶员是一个外行，紧急闪烁器起作用。具体要求如下：

（1）设置转弯信号状态计数电路。

（2）设置时钟发生电路（$f = 1$ Hz）。

（3）设置控制电路。

（4）设置逻辑开关。

(5) 画出汽车尾灯控制电路方框图。

2) 设计原理

右转弯时 3 个右边的灯应动作，左边的灯则全灭，右边的灯如图 5.5.5(a)所示，周期性地亮或灭，一个周期约需 1 s。左转弯时左边灯的操作与右转弯时右边灯的操作相类似。当紧急闪烁起作用时，6 个尾灯大约以 1 Hz 的频率一致闪烁。同时，电路用一个开关模拟脚踏制动器，制动时，若转弯开关未合上(或错误地将两个开关均合上)，则所有 6 个尾灯均连续亮，在转弯的情况下 3 个转向侧的尾灯应正常动作，另外 3 个尾灯连续亮。电路还用另一个开关模拟停车，停车时，全部尾灯亮度为正常亮度的一半。

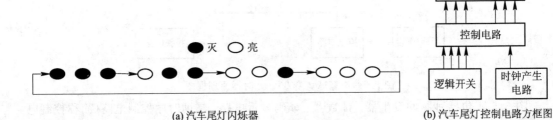

    ●灭 ○亮

(a) 汽车尾灯闪烁器   (b) 汽车尾灯控制电路方框图

图 5.5.5　汽车尾灯控制电路设计原理

设计提示：

汽车尾灯控制电路由四部分组成，即控制电路、时钟产生电路、逻辑开关及逻辑电平指示，如图 5.5.5(b)所示。

(1) 转弯信号是四状态计数电路，可由小规模触发器构成，也可由中规模计数器构成。

(2) 时钟产生电路可由 555 定时器构成 1 Hz 信号和 50 Hz 信号(用于停车时，汽车尾灯亮度为正常一半)。接线图由同学们自己拟定。

3) 主要参考元器件

74LS11(3 输入与门)，74LS175(触发器)，74LS20(4 输入与非门)，74LS00(4 - 2 输入与非门)，74LS04(反相器)，CD40106(反相施密特触发器)，电阻、电容、导线若干，面包板 2 块。

5. 多功能数字钟

1) 设计要求

用中小规模集成芯片设计多功能数字钟，具体要求如下：

(1) 准确计时，以数字形式显示时(00~23)、分(00~59)、秒(00~59)的时间。

(2) 具有校时功能。

2) 设计原理

多功能数字钟系统组成框图如图 5.5.6 所示。它由振荡器、分频器、计数/译码/显示(主电路)等部分组成，同时具有校时电路进行时间校准。本电路中除振荡器和音响电路(仿电台报时)外，其余部分也可通过一片可编程逻辑器件实现。

石英晶体振荡器产生的标准信号送入分频器，分频器将时基信号分频为每秒一次的方波，作为秒信号送入计数器进行计数，并把累计的结果以"时""分""秒"的数字显示出来。

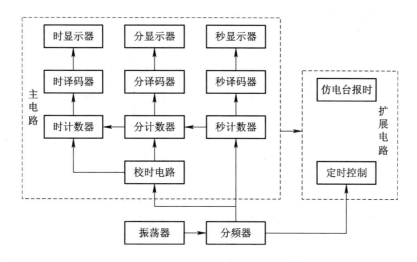

图 5.5.6　多功能数字钟系统组成框图

其中,"秒"和"分"的显示可分别由两级计数器和译码器组成的六十进制计数器实现,"时"的显示则由两级计数器和译码器组成的二十四进制计数电路实现。

校时电路在刚接通电源或钟表走时出现误差时进行时间校准。校时电路可通过两只功能键进行操作,即工作状态选择键 P1 和校时键 P2 配合操作完成计时和校时功能。当按动 P1 键时,系统可选择计时、校时、校分、校秒等四种工作状态。当连续按动 P1 键时,系统按上述顺序循环选择(通过顺序脉冲产生器实现)。当系统处于后三种状态时(即系统处于校时、校分、校秒状态下),再次按动 P2 键,则系统以 2 Hz 的速率分别实现各种校准。各种校准必须互不影响,即在校时状态下,各计时器间的进位信号不允许传送。当 P2 键释放时,校时就停止了。按动 P1 键,使系统返回计时状态,重新开始计时。

3) 主要参考元器件

32.768 kHz 晶振,芯片 74LS90、74LS48、74LS92,555 定时器,LED 数码管,8Ω 扬声器,电阻、电容若干。

4) 扩展

(1) 仿电台报时。

(2) 定时控制,在 24 h 内以 5 min 为单位,根据需要在若干个预定时刻(可按照作息时间表安排)发出信号并驱动音响电路进行"闹时"。

6. 数字温度计

1) 设计任务

设计一个测试温度范围为 0℃～100℃的数字温度计。具体要求如下:

(1) 查阅资料选择温度传感器。

(2) 设计温度测量电路(确定温度与电压之间的转换关系)。

(3) 设计温度显示电路(显示的数字应反映被测量的温度)。

(4) 画出数字温度计电路图,读数范围为 0℃～100℃,读数稳定。

2) 设计原理

数字温度计一般由温度传感器、放大电路、A/D 转换器(ADC)、译码器、显示器等几个部分组成，其原理框图如图 5.5.7 所示。

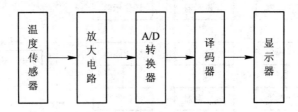

图 5.5.7　数字温度计原理框图

（1）温度传感器。温度是最普通最基本的物理量，在用电测法测量温度时，首先要通过温度传感器将温度转换成电量。温度传感器有热膨胀式（双金属元件和水银柱开关）、温差电势效应电压式（热电偶）、电阻效应式（有铂、镍及镍铁合金和热敏电阻）及半导体感受式（测温电阻、二极管和集成电路器件，如 AD590）。

AD590 是一种单片集成的两端式温度敏感电流源。它有金属壳、小型的扁平封装芯片和不锈钢等几种封装方式。AD590 是一个电流源，所流过电流的数值（μA 级）等于绝对温度（Kelvin）的变数，其激励电压可以从 4 V～30 V，适用的温度范围为 −55℃～110℃。图5.5.8 是 AD590 的应用示例。

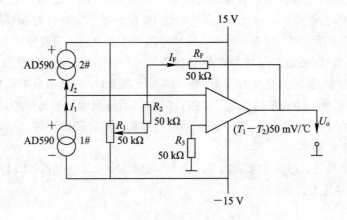

图 5.5.8　AD590 的应用示例

（2）温度的测量。在测量温度时，AD590 往往要接到需要电压输入的系统中，图 5.5.8 是用两个 AD590 和一个运算放大器进行温度测量的基本电路，其输出电压 $U_o =$ $(T_1 - T_2)50$ mV/℃，若 $T_2 = 0℃$，则为待测温度。当 $T_1 = T_2$ 时，由于 AD590 之间的失配或者小的温度差，会出现偏置，一般用电阻 R_1 和 R_2 调去偏置。

（3）温度的数字显示。运算放大器输出电压需经 A/D 转换器、译码器送至显示器。应注意显示的温度数值与电压之间的换算关系。

3）主要参考元件

温度传感器 AD590，运算放大器 μA741，模数转换器 ADC0809，译码器（自选）（需将二进制数转换成 BCD 码），BCD 码七段译码显示器 74LS48，LED 数码管（共阴极），电阻、电容若干，555 定时器，面包板。

7. 9 位按键数字密码锁

1）设计要求

用中小规模集成芯片设计并制作 9 位按键数字密码锁电路。具体要求如下：

（1）编码按钮分别为 1，2，…，9 这 9 个按键，其中 5 个密码键，4 个伪码键。

（2）用发光二极管作为输出指示灯，灯亮代表锁"开"，灯灭代表锁"不开"。

（3）设计开锁密码，并按此密码设计电路。密码是 1～9 共 9 位数。若按动的开锁密码正确，则发光二极管变亮，表示电子锁打开，并在开锁 7 s 后，电路恢复初始状态。

（4）该电路应具有防盗功能，密码顺序不对或密码有误时系统自动复位；若按错 4 个伪码键中的任何一个，电路将被封锁 5 min。

2）设计原理

数字密码锁原理框图如图 5.5.9 所示。

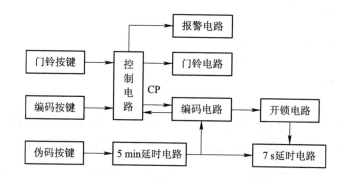

图 5.5.9　数字密码锁原理框图

3）主要参考元器件

芯片 CC4017、9013、8050、1N4148、BS202，555 定时器，蜂鸣器，电阻、电容若干。

4）扩展

（1）设计报警功能，密码顺序不对或密码有误时系统自动复位；如果开锁时间超过 5 min，则蜂鸣器发出 1 kHz 频率信号报警。

（2）设计门铃电路，按动门铃按钮，发出 500 Hz 的频率信号或音乐信号，可使编码电路清零，同时可解除报警。

8. 住院病人传呼器

1）设计要求

用中小规模集成芯片设计一种无线传呼器，供医院住院病人传呼医护人员使用。具体要求如下：

（1）住院病人通过按动自己的床位按钮开关向医护人员发出传呼信号。

（2）一旦有病人发出传呼信号，医护人员值班室设置的显示器就显示出该病人的床位编号，同时扬声器声响提示值班人员。

2）设计原理

传呼器原理框图如图 5.5.10 所示。

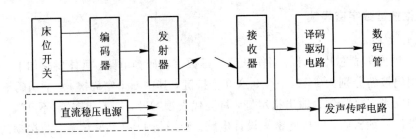

图 5.5.10　传呼器原理框图

3）主要参考元器件

芯片 MT8870、DT5086、LD4543、SN7806，LED 数码管（共阴极），三极管、二极管、电阻、电容若干。

4）扩展

设计传呼器所需的直流稳压电源。

5.5.2　综合提高题目

1. $3\frac{1}{2}$ 数字万用表

1）设计要求

数字万用表是一种用途很广的数字测量仪表，能测量直流电压、交流电压、直流电流、交流电流、电阻及三极管 β 值等，涉及模拟电子技术和数字电子技术的许多内容。本课题要求以 MC14433 A/D 转换器为核心构成 $3\frac{1}{2}$ 位数字万用表。具体要求如下：

（1）实现四级量程的直流电压测量，其量程范围为 2 V、20 V、200 V 和 500 V。

（2）实现四级量程的交流电压测量，其量程范围是 2 V、20 V、200 V 和 500 V。

（3）实现四级量程的直流电流测量，其量程范围是 2 mA、20 mA、200 mA 和 2 A。

（4）实现四级量程的电阻测量，其量程范围是 2 kΩ、20 kΩ、200 kΩ 和 2 MΩ。

（5）量程切换可采用手动，也可采用模拟开关自动切换。

2）设计原理

数字万用表原理框图如图 5.5.11 所示。

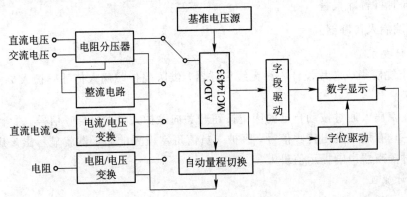

图 5.5.11　数字万用表原理框图

3) 主要参考元器件

芯片 LM324、F3140、CC4051、MC14433、CC4511、SN7486，LED 数码管，电阻若干。

4) 扩展

自动量程切换。

2. 短波调频接收机

1) 设计要求

用中小规模集成芯片设计并制作一个短波调频接收机。具体要求如下：

（1）接收频率范围是 8 MHz～10 MHz。

（2）接收信号为 20 Hz～1000 Hz 音频调频信号，频偏为 3 kHz。

（3）最大不失真输出功率不小于 100 mW(8Ω)。

（4）接收灵敏度不超过 5 mV。

（5）通频带：f_0＋4 kHz 为－3 dB。

（6）选择性：f_0＋10 kHz 为－30 dB。

（7）镜像抑制比不小于 20 dB。

2) 设计原理

短波调频接收机原理框图如图 5.5.12 所示。

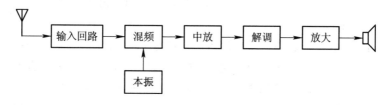

图 5.5.12　短波调频接收机原理框图

3) 主要参考元器件

短波收音机套件，中频变压器，芯片 MB1504、LM386、MC3362(或 MC3361)，电阻、电容、电感若干。

4) 扩展

（1）可实现多种自动程控频率搜索模式(如全频率范围搜索、特定频率范围内搜索等)，全频率范围搜索时间不超过 2 min。

（2）能显示接收频率范围内的调频电台载频：显示载波频率的误差不超过±5 kHz。

（3）进一步提高灵敏度。

（4）可存储已搜索到的电台，存台数不小于 20。

3. 交通灯控制电路

由一条主干道和一条支干道的汇合点形成十字交叉路口，为确保车辆安全、迅速地通行，在交叉路口的每个入口处设置了红、绿、黄三色信号灯。红灯亮禁止通行；绿灯亮允许通行；黄灯亮则行驶中的车辆应停靠在禁行线内。

1) 设计要求

（1）用红、绿、黄三色发光二极管作为信号灯。

（2）当主干道允许通行，即亮绿灯时，支干道亮红灯，而支干道允许亮绿灯时，主干道亮红灯。

（3）主、支干道交替允许通行，主干道每次放行 30 s、支干道 20 s。设计 30 s 和 20 s 计时显示电路。

（4）在每次由亮绿灯变成亮红灯的转换过程中间，黄灯闪烁 5 次共 5 s 作为过渡。设计 5 s 计时显示电路。

2）设计原理

交通灯控制电路原理框图如图 5.5.13 所示。

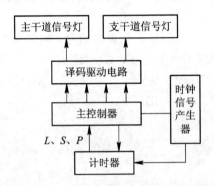

图 5.5.13　交通灯控制电路原理框图

3）单元电路设计

（1）主控制器。主控制器是本设计的核心，主要产生 30 s、20 s、5 s 这 3 个定时信号，它的输出一方面经译码后分别控制主干道和支干道的三个信号灯；另一方面控制定时电路启动。主控制器电路属于时序逻辑电路，可采用状态机的方法进行设计。

主干道和支干道各自的三种灯（红、黄、绿）正常工作时，只有 4 种可能，即以下 4 种状态：

① 主绿灯和支红灯亮，主干道通行，启动 30 s 定时器，状态为 S_0。

② 主黄灯和支红灯亮，主干道停车，启动 5 s 定时器，状态为 S_1。

③ 主红灯和支绿灯亮，支干道通行，启动 20 s 定时器，状态为 S_2。

④ 主红灯和支黄灯亮，支干道停车，启动 5 s 定时器，状态为 S_3。

交通灯控制电路的 4 种状态转换图如图 5.5.14 所示。

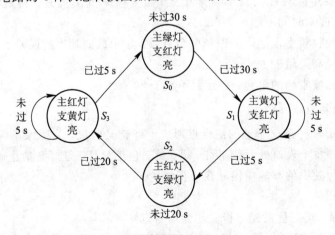

图 5.5.14　交通灯控制电路的 4 种状态转换图

可用两个 JK 触发器表达上述四种状态的分配和转换。

（2）计时器电路。计时器除需要秒脉冲作时钟信号外，还应受主控制器状态的控制。例如，30 s 计时器应在主控制器进入 S_0 状态（主干道通行）时开始计时，同样 20 s 计时器必须在主控制器进入 S_2 状态时开始计时，而 5 s 计时器则要在进入 S_1 或 S_3 状态时开始计时，待到规定时间分别使计时器复零。设计时，30 s 计时器可以采用两个十进制计时器级连成三十进制计时器，为使复零信号有足够的宽度，可采用基本 RS 触发器组成反馈复零电路。按同样的方法可以设计出 20 s 和 5 s 计时电路，与 30 s 计时电路相比，后两者只是控制信号和反馈信号的引出端不同而已。

（3）译码驱动电路。其分为以下两个部分：

① 信号灯译码电路。主控制器的四种状态分别要控制主、支干道红、黄、绿灯的亮与灭。令灯亮为"1"，灯灭为"0"，主干道红、黄、绿灯状态分别为 R、Y、G 表示，支干道红、黄、绿灯状态分别为 r、y、g 表示，则信号灯译码电路的真值表如表 5.5.1 所示。

表 5.5.1　信号灯译码电路的真值表

输　　入		输　　　出					
Q_2	Q_1	R	Y	G	r	y	g
0	0	0	0	1	1	0	0
0	1	0	1	0	1	0	0
1	0	1	0	0	0	1	0
1	1	1	0	0	0	0	1

由表 5.5.1 可进一步得到各灯的逻辑表达式，进而确定其电路形式。

② 计时显示译码电路。计时显示实际是一个定时控制电路，当 30 s、20 s、5 s 任一计时器计时时，在主、支干道各自可通过数码管显示出当前的计时值。计时器输出的七段数码显示用 BCD 码七段译码显示器驱动即可，具体设计可参考多功能数字钟的译码、显示部分。

（4）时钟信号产生器电路。产生稳定的"秒"脉冲信号，确保整个电路装置同步工作和实现定时控制。此电路与多功能数字钟的秒脉冲信号产生电路相同，可参阅其中晶体振荡电路、分频电路的设计。如果计时精确度要求不高，也可采用 RC 环形多谐振荡器。

4）设计要点

（1）画出整机电路图，并列出所需器件清单。

（2）采购器件，并按电路图接线，认真检查电路是否正确，注意器件管脚的连接，"悬空端""清零端""置 1 端"要正确处理。

（3）秒脉冲信号产生器与计时电路的调试与上一设计相同。

（4）主控制器的调试，可用逻辑开关 S_1、S_2、S_3 分别代替 L、S、P 信号，秒脉冲作时钟信号，主控制器状态应按状态转换图转换。

（5）如果以上逻辑关系正确，即可与计时器输出 L、S、P 相接，进行动态调试。

（6）信号灯译码调试亦是如此，先用两个逻辑开关 S_4、S_5 代替 Q_2、Q_1，当 Q_2、Q_1 分别为 00、01、10、11 时，6 个发光二极管应按设计要求发光。

（7）各单元电路均能正常工作后，即可进行总机调试。

4. 洗衣机控制电路

1) 设计要求

设计一个洗衣机控制器，具有如下功能：

(1) 采用中小规模集成芯片设计洗衣机的控制定时器，控制洗衣机电机运转，其流程如图5.5.15所示。

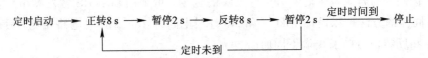

图 5.5.15　洗衣机电机运转流程

(2) 洗衣机电机用两个继电器控制。

(3) 用两位数码管显示洗涤的预置时间（分钟数），按倒计时方式对洗涤过程做计时显示，直至时间到停机。洗涤定时时间在 10 min 内用户任意设定。

(4) 当定时时间到时，电机停转，同时发出音响信号提醒用户注意。

(5) 预置时间送入后即开始运转。

2) 设计原理

洗衣机控制电路原理框图如图 5.5.16 所示。

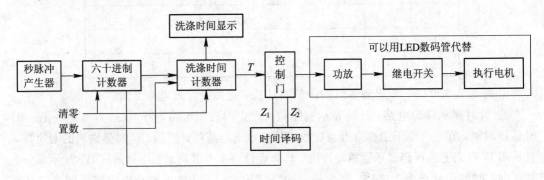

图 5.5.16　洗衣机控制电路原理框图

3) 单元电路设计

(1) 电机驱动电路。用两个继电器控制的洗衣机电机驱动电路如图 5.5.17 所示。

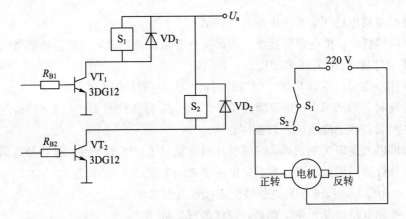

图 5.5.17　洗衣机电机驱动电路

（2）两级定时电路。它包括两级定时：一是总洗涤过程的定时；二是在总洗涤过程中包含电机的正转、反转和暂停三种定时，并且这三种定时是反复循环直至总定时时间到为止。驱动电路的控制方式如表 5.5.2 所示。

表 5.5.2　驱动电路的控制方式

T	Z_1	Z_2	S_1	S_2	电机
0	×	×	断	断	停
1	0	0	通	断	反转
1	1	0	断	断	停
1	0	1	断	断	停
1	1	1	断	通	正转

当总定时时间在 10 min 以内设定一个数值后 T 为高电平，然后用倒计时方法每分钟减 1，直至 T 变为 0。实现定时的方法很多，比如采用单稳电路实现，又如将定时初值预置到计数器中，使计数器运行在减计数状态，当减到全零时，则定时时间到。本电路就可采用这种方法。当秒脉冲产生器的时钟信号经 60 分频后，得到分脉冲信号。洗涤定时时间的初值先通过拨盘或数码开关设置到洗涤时间计数器中，每当分脉冲到来计数器减 1，直至减到定时时间到为止。运行中间，剩余时间经译码后在数码管上显示。

（3）电机控制信号产生电路。Z_1 和 Z_2 的定时长度可由秒脉冲到分脉冲变换的六十进制计数器的状态中得到，这两个信号以及定时信号 T 经控制门输出后，得到推动电机的工作信号。

4）调试要点

（1）通电准备。打开电源之前，先按照原理框图检查制作好的电路板的通断情况，并取下电路板上的集成块，然后接通电源，用万用表检查板上的各点的电源电压值，完好之后再关掉电源，插上集成块。

（2）单元电路检测。接通电源后，用双踪示波器（输入耦合方式置于"DC"挡）观察秒脉冲产生电路的输出波形，看其是否满足设计要求，再观察六十进制计数器和洗涤时间计数器，看其输出波形是否正确。检查 Z_1 和 Z_2 的时间译码逻辑和电机驱动电路是否正常工作。

（3）系统联调。设定洗涤时间，观察电机运转情况和数码管显示。

参 考 文 献

［1］ 郭业才，黄友锐. 模拟电子技术. 2 版. 北京：清华大学出版社，2018.

［2］ 周润景，崔婧. Multisim 电路系统设计与仿真教程. 北京：机械工业出版社，2018.

［3］ 魏鉴，朱卫霞. 电路与电子技术实验教程. 武汉：武汉大学出版社，2018.

［4］ 吴扬. 电子技术课程设计. 合肥：安徽大学出版社，2018.

［5］ 刘建成，冒晓莉. 电子技术实验与设计教程. 2 版. 北京：电子工业出版社，2016.

［6］ 吕波，王敏. Multisim 14 电路设计与仿真. 北京：机械工业出版社，2016.

［7］ 唐明良，张红梅，周冬芹. 模拟电子技术仿真实验与课程设计. 重庆：重庆大学出版社，2016.

［8］ 高玉良. 电路与电子技术实验教程. 北京：中国电力出版社，2016.

［9］ 吴晓新，堵俊. 电路与电子技术实验教程. 2 版. 北京：电子工业出版社，2016.

［10］ 唐明良，张红梅. 数字电子技术实验与仿真. 重庆：重庆大学出版社，2014.

［11］ 赵春华，张学军. Multisim 9 电子技术基础仿真实验. 北京：机械工业出版社，2012.

［12］ 付扬. 电路与电子技术实验教程. 北京：机械工业出版社，2010.

［13］ 刘丽君，王晓燕. 电子技术基础实验教程. 南京：东南大学出版社，2010.

［14］ 卓郑安. 电路与电子技术实验教程. 上海：上海科学技术出版社，2008.